JN095170

図解 閉校中学校の女子制服

201 schools with 390 illustrations

クマノイ

日貿出版社

Contents

近畿

中国

四国

・著者の意向により、情報の一部を記載していない場合があります。
・本書の内容は、2023 年 2 月現在、編集部で確認した情報をもとにしております。あらかじめご了承ください。
・本文中掲載の地図は、地図素材サイト『Map-It マップイット』（https://map-it.azurewebsites.net/）の素材を利用させていただきました。

はじめに

　本書には、2010 年〜 2020 年の 11 年間に日本国内で閉校した中学校のうち、カラー写真によって制服の形状・色の確認ができた 201 校が掲載されている。内容の正確性には細心の注意を払ったが、以下の点に留意願いたい。

❶

制服の再現イラスト制作では、限られた資料・不鮮明な写真から、各部位を推定する必要があるケースが多かった。また、統合後の中学校の新しい制服が、閉校前に 1・2 年生に事前導入されており、閉校前の被統合校の制服に見えるものが実は統合後の学校の新しい制服であるというケースもある。こうした新旧制服の取り違えや不正確な表現が発生しないよう最大限の注意を払ったが、本書の内容は完全な正確性を保証するものではない。

❷

各制服の裏地のタグデザインは資料からは確認できないことが多く、また同じ制服でも購入店によって異なる場合があることも考慮し、基本的に架空のものとしてある。

❸

名札や刺繍、手書き記名等の人物名は制服デザインの正確性を高めるため便宜的に描画された架空のもの（ランダム生成ツールを使用）であり、実在の人物とは関係ない。

❹

校則はほとんどの場合確認不可能であったため、資料写真から読み取れなかった範囲の髪型、ソックスのワンポイントの有無等の詳細な服装規定は反映されていない場合がある。

❺

各校の制服・体操服・そのほか学校指定品のイラストは、断りのない限り閉校時点のものである。

❻

「※情報提供による」との記載がある場合、卒業生・関係者から寄せられた情報に基づく内容であり、著者が独自の確認を取れていないものを含む。

北海道

北海道有珠郡壮瞥町
南久保内 142

壮瞥町立
久保内中学校

そうべつちょうりつ くぼない ちゅうがっこう

2017年（平成29年）3月 同町内の
壮瞥中学校と合併のため閉校。

冬服は上下共布のスーツスタイル・丸襟ブラウスで、赤の
成型リボンが特徴。そのほか、指定品とみられるクリーム色
のニットベスト（黒ライン2本）を着用する生徒がいた。

夏・中間服は丸襟ブラウスとリボン。半袖ブラウスにニッ
トベストを重ね着する生徒も確
認できた。冬服ジャケットの左
胸元には紺地の台布の上に学年
章を取り付けたが、夏服・中間
服では付けなかったようだ。

台布を使用するが付けるのは
学年章だけで、名札は別に取
り付けるという珍しい方式を
採っている。

北海道夕張郡栗山町
字継立 189-2

栗山町立
継立中学校

くりやまちょうりつ つぎたて ちゅうがっこう

**2014年（平成26年）3月 同町内の
栗山中学校と合併のため閉校。**

　中間服は紺の関東襟のプルオーバー型セーラー服で平線2
本、黒のスカーフを結ぶ。

　胸元には輪状のタイ留めが付いていたが、これを使用せず
にタイを結んだ生徒が複数いた模様だ。資料からは名札・徽
章類の着用は確認できず。冬・夏服は不明。

　資料から読み取る限り、ソックスは黒であった。

タイ留めを使用せずに三角タイを結んでいる例。地域を問わず、こうした
着用法は存在するようだ。

北海道函館市
田家町 5-17

函館市立
五稜中学校

はこだてしりつ
ごりょう ちゅうがっこう

2018年（平成30年）3月
同市内の3校が統合し
五稜郭中学校になるため閉校。

　シンプルな3釦シングル
イートン。最大の特徴はカ
ブラのある胸ポケットに1
列に並べたバッジ・刺繍だ。
左から校章、学年組章、不
明のバッジ、名字の刺繍と
みられる。

　ブラウスは丸襟で、襟を
イートンの上に出して着用
した。スカートは24本車ヒ
ダ。

　中間服はプルオーバーの
Vネックベストで、左胸元
に名字の刺繍が入った。ソッ
クスは黒。

最大の特徴はカブラの
ある胸ポケットに横1
列に並べたバッジ・刺
繍だ。このように横1
列に配置するレイアウ
トは全国的に見ても珍
しい。左から校章、学
年組章、不明のバッジ、
名字刺繍。

北海道函館市
富岡町 1-18-2

函館市立桐花中学校

はこだてしりつ きりはな ちゅうがっこう

2016年（平成28年）3月 同市内の3校が統合し
五稜郭中学校になるため閉校。

　冬服は紺地に青ライン、二連タイの関東襟前開きセーラー
服。左胸元に付けた台布には白ラインが入り、金の名札を付
けたが、これは当時の函館
地域特有のデザインであ
る。ほかに、校章・委員章・
学年組章とみられるバッジ
を付けた。

　夏服は爽やかな水色の襟
に白ライン、同様のカフス
と二連タイ。スカートは夏
冬ともに前箱ヒダであった。

北海道函館市
大川町 12-38

函館市立大川中学校

はこだてしりつ　おおかわ　ちゅうがっこう

**2018 年（平成 30 年）3 月　同市内の 3 校が統合し
五稜郭中学校になるため閉校。**

　典型的な紺ブレザー・灰ベスト・灰スカートスタイルで、
赤ネクタイを着けた。

　ブレザーのラペルに校章とみられるバッジを付け、ブレ
ザーとベストのボタンにも校章が彫り込まれていた。

　ベストとスカートに使用された生地は、右上がり・左上が
りの綾織りが交互に繰り返され V 字の縞模様が特徴の「ヘリ
ンボーン織り」であった。これはほかの灰ベスト・スカート
スタイルでもよく見られる生地である。

　ちなみに「ヘリンボーン」とは「ニシンの骨（Herring-
bone）」のこと。生地の
模様が開いた魚の骨に
似ていること
に由来して
いる。

北海道函館市
高盛町 32-2

函館市立光成中学校
はこだてしりつ こうせい ちゅうがっこう

2018年（平成30年）3月 同市内の3校が統合し
巴中学校になるため閉校。

　鮮やかなネオンライトブルーのエンブレムと赤地に白ストライプの成型リボンが印象的な紺ブレザー＋灰ベスト・スカートスタイル。

　エンブレムは学校名イニシャルの「K」。胸元のウェルトポケットに白で名字が刺繍され、ラペルには委員章のほか、詳細は不明だが長方形のバッジを付けたとする情報がある。

　ベストの左胸元にはブレザー同様の名字に加え、校章の刺繍も入った。また、リボンの中央部にも校章の刺繍が入っていたことを示す資料があったが、確定できなかった。

　ソックスは白または黒のハイソックスを穿いた生徒がそれぞれ半々程度であった。

北海道函館市
的場町 12-7

函館市立的場中学校

はこだてしりつ まとば ちゅうがっこう

2018 年（平成 30 年）3月 同市内の
3校が統合し巴中学校になるため閉校。

　青の成型リボンが特徴の紺ブレザー＋灰ベスト・スカートスタイル。

　2釦シングルの紺ブレザーの左胸元には金のエンブレムが入り、スカートと共布のベストを着用した。

　ほかの多くの紺ブレ・灰スカスタイルと異なり、スカートはボックスプリーツではなく前後箱ヒダであった。

　資料から確認できる限り、冬季は揃って黒タイツを着用していた。

　ブレザーとベストの左胸元には名字が白で刺繍され、学年章・クラス章を付けたことを示す資料もある。

北海道

北海道函館市
千代台町 22-19

函館市立凌雲中学校

はこだてしりつ　りょううん　ちゅうがっこう

2018年（平成30年）3月 同市内の
3校が統合し巴中学校になるため閉校。

　極めてユニークな赤のブレザーと、灰ベスト・スカートの組み合わせ。さらに赤のネクタイを着ける。ブレザー及びベストのボタンには、力強い「凌雲」の文字が特徴の校章が刻まれていた。

　ラペルには校章バッジを付け、カブラのある胸ポケットには白で名字の刺繍。スカートは前箱ヒダで、ソックスは黒であった。

北海道函館市
大森町 34-7

函館市立
宇賀の浦
中学校

はこだてしりつ
うがのうら ちゅうがっこう

2018 年（平成 30 年）3 月 同市内の
3 校が統合し青柳中学校になるため閉校。

　珍しいグレーの 2 釦シン
グルブレザーに、ストライ
プ入りの赤い成型リボンと
紺系チェックスカートの組
み合わせ。

　ラペルに付けたバッジの
デザインもユニークで、や
や厚みのある赤地に白に近
い色でローマ数字のような
絵柄が描かれた。学年章で
あった可能性もあるが、詳
細不明。

　ソックスは紺（または黒）
のハイソックスを着用して
いたようだ。

北海道函館市
青柳町 10 - 7

函館市立潮見中学校

はこだてしりつ　しおみ　ちゅうがっこう

2018年（平成30年）3月 同市内の
3校が統合し青柳中学校になるため閉校。

　冬服は紺を下地に、紺の
ラインが入った関東襟のプ
ルオーバー型セーラー服。
さらに紺のスカーフをタイ
留めに通し、3種の紺が使
用された紺ずくめである。

　左胸元の台布には白のラ
インが入り、委員章、学年章・
クラス章・校章・名札を付
けた。名札は函館市で見ら
れる特徴のある金。ジャー
ジには、袖に加えて背中に
大きく HAKODATE
SHIOMI J.H.SCHOOL
の文字が入った。

北海道小樽市
手宮 2-6-1

小樽市立末広中学校

おたるしりつ すえひろ ちゅうがっこう

2017年（平成29年）3月 同市内の
北山中学校と合併のため閉校。

　冬服は関東襟平線3本のプルオーバー型セーラー服で、白のスカーフをタイ留めに通した。

　左胸元には黒の台布を安全ピンで取り付け、そこに学年章・クラス章・校章とみられる3つのバッジを付けた。

　ソックスは黒（紺）のハイソックスが指定だったとみられ、冬季は多くの生徒が黒タイツを着用した。また、多くの北海道のほかの学校で見られるように、冬季の通学時はムートンブーツを履く女子生徒が多かった。

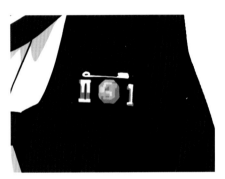

横長の台布に横一列に取り付けたバッジ類。

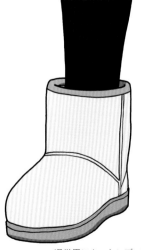

通学用にムートンブーツを履く光景は北海道では一般的とされる。

北海道

 北海道美唄市
峰延町本町

美唄市立
峰延中学校

びばいしりつ みねのぶ ちゅうがっこう

2019年（平成31年）3月
同市内の美唄中学校と合併のため閉校。

　冬服は赤い成型リボンが
特徴の紺ブレザー・チェッ
クスカートスタイル。黒ラ
インが入ったクリーム色の
ニットベストを着用した。
　ソックスは紺（か黒）の
ハイソックスまたは黒タイ
ツを穿く生徒が多かったが、
白のライン入りソックスを
穿く生徒もいたため、校則
の規定は緩かったのかもし
れない。

北海道檜山郡厚沢部町
新町 250

厚沢部町立
厚沢部中学校〈旧〉

あっさぶちょうりつ あっさぶ ちゅうがっこう

2018年（平成30年）3月 同町内の3校が
統合し、新しい厚沢部中学校になるため閉校。

　平線2本の関東襟セーラー服で、紺の三角タイをタイ留めに通した。

　左胸元に台布を付け、名札と校章・学年組章とみられるバッジを付けた。資料不鮮明のため確定できなかったが、台布には白ラインが入っていた可能性がある。上履きは生徒によって色がバラバラで、カラフルなものも見られた。

　冬季の女子生徒は、確認できる限り全員が黒タイツを穿いていた。

北海道檜山郡厚沢部町
鶉町 369-1

厚沢部町立鶉中学校

あっさぶちょうりつ うずら ちゅうがっこう

2018年（平成30年）3月 同町内の3校が統合し、
新しい厚沢部中学校になるため閉校。

　冬服は赤平線3本関東襟のプルオーバー型セーラー服に、
同ラインの入ったダービータイを着けた。複数の女子生徒が
青緑のクルーネックのインナーを着用しており、体操服とみ
られる。確認できた資料では女子全員が黒タイツ着用。
　夏服も襟・タイ・カフスは冬服同様の紺地で、赤平線3
本が入った。

北海道檜山郡厚沢部町
館町 152

厚沢部町立
館中学校

あっさぶちょうりつ　たて　ちゅうがっこう

2018 年（平成 30 年）3 月
同町内の 3 校が統合し、
新しい厚沢部中学校になるため閉校。

　鮮やかな赤のラインと三
角タイが印象的な関東襟平
線 2 本プルオーバーセー
ラー服。

　左胸元の台布には校章と
学年章を付け、名札はなかっ
たようだ。女子生徒は揃っ
て黒のインナーを着ていた
が、これが体操服かどうか
は不明。厚沢部町のほかの
中学校と同様、上履き（運
動靴）の色・デザインはバ
ラバラであり、ほかの地域
のように校則での色等の指
定はなかったようだ。

北海道赤平市
大町 3-1-2

赤平市立
赤平中央中学校

あかびらし　あかびら　ちゅうがっこう

2018年（平成30年）3月
同市内の赤平中学校と統合し、
新しい赤平中学校になるため閉校。

　一見すると襟のラインが
ないように見える紺セー
ラー服だが、よく見ると黒
で目立たない2本平線が
入っている。関東襟で、カッ
トタイを取り付けた。

　前開き型セーラー服であ
り、形状からスナップボタ
ンで留める形式だったとみ
られる。

　スカートは20本車ヒダ
で、ソックスは黒が指定さ
れていたようだ。

　資料から判明したのは冬
服のみであり、夏・中間服
は不明。

 北海道旭川市
10条通11

旭川市
常盤中学校

あさひかわしりつ　ときわ　ちゅうがっこう

2015年（平成27年）3月 同市内の
3校が統合し中央中学校になるため閉校。

　鉄納戸色（暗く灰みのある青）が特徴的なブレザーで、濃紺を下地にチェックの入ったスカートとベストを合わせた。

　ブレザーは2釦シングル、左胸元にエンブレムが入ったが図柄の詳細は不明。シャツはポロシャツとみられる。中間服はベストを着用。

　確認できた冬季の資料では、全員が黒タイツを穿いていた。

特徴のあるチェック入りベストは、スカートと共布。中間服ではベスト単体で着用した。ベストの詳細な資料は得られず、前開きの有無は不明。

東北

青森・岩手・宮城・
秋田・山形・福島

青森県

青森県青森市
大字高田字川瀬122-4

青森市立高田中学校

あおもりしりつ　たかだ　ちゅうがっこう

2011年（平成23年）3月 同市内の荒川中学校と合併のため閉校。

　冬は手結びの紺スカーフが特徴の平線2本関東襟セーラー服で、夏は青森市標準服である角襟ブラウス・吊りスカート。資料は約40年前のものを参考にしているが、閉校時まで変更はなかった。

　1980年前後には左胸元の台布に学年章と組章・名札を付けていたが、閉校時点では台布は使用していなかったようだ。高田中学校の閉校により、青森市内で「2本線セーラー服・手結びスカーフ」形式の制服は消滅した。

※本解説内容は情報提供による。

青森県

📍 青森県東津軽郡外ヶ浜町
平舘根岸字湯の沢 55-1

外ヶ浜町立平舘中学校

そとがはまちょうりつ　たいらだて　ちゅうがっこう

2019年（平成31年）3月 同町内の蟹田中学校と合併のため閉校。

　緑・赤を基調としたタータンチェックスカートが特徴の、2釦シングルブレザースタイル。

　重ね型の成型リボンを角襟ブラウスに付けた。ラベルには2つのバッジを付けており、長方形のものは校章、丸形のものは赤十字バッジである。赤十字バッジは委員会所属の生徒が付けるものだった可能性があるが、閉校時には生徒数が少なく、また全員が委員会に所属していたため、実質的に全生徒が付けていたバッジであった。

青森県下北郡佐井村
大字長後字福浦川目 102

佐井村立
福浦中学校

さいそんりつ
ふくうら ちゅうがっこう

2018 年（平成 30 年）3 月 同村内の
佐井中学校と合併のため閉校。

　小中学校併設校のため正
式名称は「佐井村立福浦小
中学校」。白平線 3 本・関
東襟の前開きセーラー服で、
赤の三角タイをタイ留めに
通した。

　最大の特徴は、左胸元に
付けた合皮製とみられる光
沢のある台布である。

　ここに、カラーの校章入
り名札と校章・学年章とみ
られるバッジを付けた。

　1886 年設置の佐井尋常
小学校福浦分校から 130
年以上という歴史ある中学
校であったが、最後の卒業
生は中学生は女子 1 名のみ
とごく小人数となっていた。

青森県上北郡七戸町
塚長根 17-2

七戸町立
榎林中学校

しちのへちょうりつ
えのきばやし ちゅうがっこう

2017年（平成29年）3月
同町内の天間舘中学校と統合し
天間林中学校になるため閉校。

　赤平線3本の関東襟プル
オーバー型セーラー服。タ
イ留めに入った白い刺繍が
特徴であるが、刺繍がある
もの・ないものを着ている
生徒が混在しており、どう
いった事情であるかは不明
である。

　ほとんどの女子生徒が
セーラー服の下に白のイン
ナーを着用しており、体操
服とみられる。また、冬季
の女子生徒は全員黒タイツ
を着用していたようだ。

青森県上北郡七戸町
字道ノ上 52

七戸町立
天間舘中学校

しちのへちょうりつ
てんまだて ちゅうがっこう

2017年（平成29年）3月
同町内の榎林中学校と統合し
天間林中学校になるため閉校。

　関西襟・白平線3本の前
開き型セーラー服。中学校
のセーラー服としては珍し
く、成型リボンを着けるこ
とが最大の特徴だ。左胸ポ
ケットにもラインが入り、
台布に名札と2つのバッジ
を付けた。2016年11月
の閉校記念式典では、女子
生徒は全員黒タイツを穿い
ていた。

　セーラー服の襟からは白
のインナーが覗いており、
体操服とみられる。

青森県

📍 青森県中津軽郡西目屋村
大字田代字稲元 121-1

西目屋村立
西目屋中学校

にしめやそんりつ
にしめや ちゅうがっこう

2015 年（平成 27 年）3 月
弘前市の東目屋中学校に
実質的に統合され閉校。

　濃紺に鮮やかな赤のライ
ンと三角タイが映える、平
線 2 本関東襟セーラー服。
　タイ留めに白い刺繍が
入った。本校は西目屋村で
唯一の中学校で、村内全域
を学区としていた。しかし
ながら閉校によって村内か
ら中学校がなくなる事態と
なり、西目屋村の中学生は
隣接の弘前市の東目屋中学
校にスクールバスで通うこ
ととなった。

岩手県

岩手県一関市
山目字館 46-1

一関市立山目中学校

いちのせきしりつ やまのめ ちゅうがっこう

2015年（平成27年）3月 同市内の中里中学校と統合し
磐井中学校になるため閉校。

　夏冬とも、赤橙のラインと三角タイが目を引く関東襟セーラー服。

　ラインは平線1本で、胸当てに校章の刺繍が入った。夏・中間服はファスナー式の前開き型。スカートは16本車ヒダ。2015年3月の閉校式では、女子生徒は全員黒タイツを穿いていた。ソックスの色指定は不明。上履きはムーンスターのジムスター。

冬服の後ろ襟。ラインが交差するデザイン。

 岩手県一関市
厳美町岡山 16

一関市立
本寺中学校

いちのせきしりつ ほんでら ちゅうがっこう

2018 年（平成 30 年）3 月
同市内の厳美中学校と合併のため閉校。

　4 釦 2 掛のシンプルなダ
ブルイートンで、小丸形の
フロントカットが特徴。丸
襟ブラウスに青の紐タイを
結んだ。左胸元には名札に
加え、校章バッジを付けた。

　スカートは 20 本車ヒダ
と推定される。2018 年 3
月の閉校式では、女子生徒
は黒タイツを着用していた。
ソックスは白指定とみられ、
ショートクルー丈を穿いて
いる生徒が多かった。

岩手県下閉伊郡岩泉町
大川下町 98

岩泉町立
大川中学校

いわいずみちょうりつ
おおかわ ちゅうがっこう

2013 年（平成 25 年）3 月 同町内の
岩泉中学校に統合され閉校。

　角襟のブラウスに結んだ
大きな赤リボンが目を引く
3 釦シングルイートン。

　リボンはセーラー服での
使用が一般的であるパータ
イを手結びしたようにも見
えるが、首周りの形状が細
いため成型リボンであった
可能性もある。

　左胸元の黒の台布には校
章・学年章とみられるバッ
ジと名札を付けた。

　資料から確認できた女子
生徒は全員が黒タイツを着
用していた。

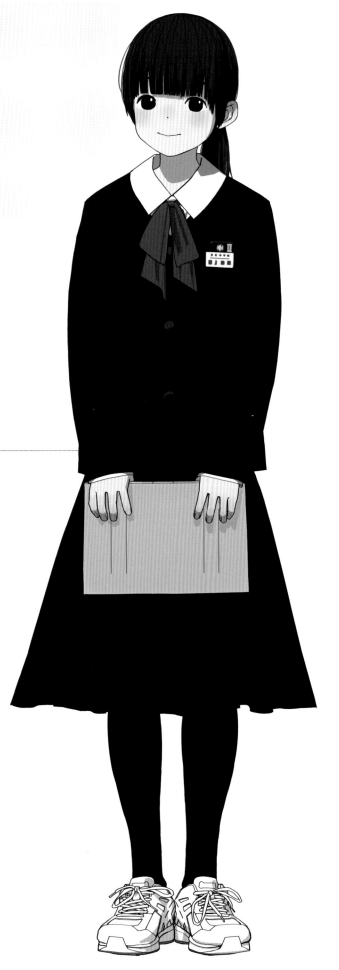

岩手県

📍 岩手県奥州市
江刺田原大平 42

奥州市立田原中学校

おうしゅうしりつ　たわら　ちゅうがっこう

2019年（平成 31 年）3月 同町内の江刺第一中学校に統合され閉校。

　冬服は 3 釦シングルイートンで、ワイシャツに赤ネクタイを着けた。

　左胸ポケット上には名札に加え、校章・学年章バッジを取り付けた。

スカートは 20 本車ヒダ。

　得られた資料では女子生徒は黒タイツを穿いており、ソックスの色は不明。

　長袖体操服は襟付き V ネックで緑地に白の太線、胸のパッチポケットには校章の刺繍が入った。

ジャージに胸ポケットが
付いているのは
珍しい例と言える。

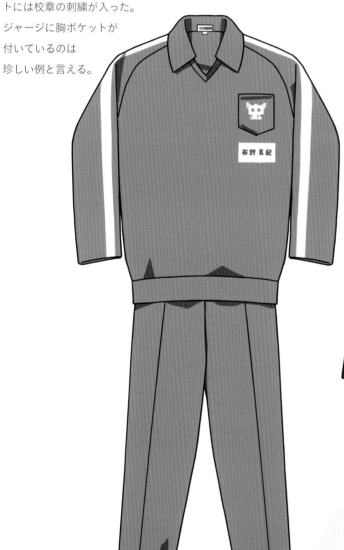

岩手県奥州市
胆沢小山道場 66

奥州市立小山中学校

おうしゅうしりつ おやま ちゅうがっこう

2017年（平成29年）3月 同市内の
3校が統合し胆沢中学校になるため閉校。

　首元に校章が刺繍された丸襟ブラウス、黒の2本線が襟ぐりと裾に入った指定ニットベスト。ニットベストは中間服に加え、半袖の夏服でも着用していた。スカートは紺地に白の格子模様が入る。

　冬服は紺の2釦シングルブレザーで、ノーネクタイ。ソックスは白指定とみられる。

　体操服は赤・青・緑の3色があり学年色として着用されていたとみられる。しかし、小山中の体操服であると断定できなかった。

岩手県

岩手県奥州市
胆沢若柳土橋30

奥州市立
若柳中学校

おうしゅうしりつ
わかやなぎ ちゅうがっこう

2017年（平成29年）3月
同市内の3校が統合し
胆沢中学校になるため閉校。

中間服は紺のVネック・プルオーバーベストで、腰に付いたパッチポケットが特徴。

角襟ブラウスに、赤地に白ストライプの成型リボンを着けた。左胸元には名札に加え、校章とみられるバッジ。ソックスは白。

赤地にグレーのベルトが特徴のナイロンバッグが指定鞄で、校章と学校名が大きくプリントされていた。

体操服は青地・赤地のものが確認されたが、着用様態からみて学年色と推定される。

真っ赤なナイロンバッグ。このようなカラーリングは市販のスクールバッグでは見られないが、学校指定のものではしばしば採用されている。

岩手県

岩手県盛岡市
繋舘市 114-1

盛岡市立
繋中学校

もりおかしりつ
つなぎ ちゅうがっこう

2020年（令和2年）3月
同市内の大宮中学校に
統合され閉校。

　4釦2掛のダブル
ブレストスーツスタイル
で、丸襟ブラウスに青の紐
タイを結んだ。ラペルに付
けた2つのバッジが特徴で
あるが、バッジデザインの
詳細は不明。

　確認できる限り、冬季の
女子生徒は全員黒タイツを
着用していた。

岩手県八幡平市
下モ川原20

八幡平市立
田山中学校

はちまんたいしりつ
たやま ちゅうがっこう

2013年（平成25年）3月
同市内の安代中学校に統合され閉校。

　青の平線2本・関東襟セーラー服で、2連のダービータイを着けた。左胸元の合皮の台布には、校章・学年組章・名札を取り付けた。スカートは8枚ヒダのボックスプリーツであったが、従来型セーラー服との組み合わせは比較的珍しい。

　本校はスキー競技で実績を残しており、1992年のアルベールビル冬季五輪ノルディック複合団体金メダリストの三ケ田礼一氏は卒業生である。

 宮城県白石市
白川津田田中前 1-2

白石市立
白川中学校

しろいししりつ
しらかわ ちゅうがっこう

**2019 年（平成 31 年）3 月
同市内の東中学校に統合され閉校。**

6 釦 3 掛のダブルブレストスーツスタイルで、スカートはボックスプリーツの 6 枚ヒダ。

やや窮屈に配置された 6 ボタンと、角に丸みのあるラペルが特徴である。

ブラウスには紺の紐タイを結んだが、6 釦ダブルということもあり、V ゾーンが狭く大部分が隠れていた。ソックスは白指定とみられ、クルー・ロークルー丈のものを穿く生徒が多かったようだ。

秋田県

秋田県能代市
常盤堂回 90

能代市立常盤中学校

のしろしりつ　ときわ　ちゅうがっこう

2019年（平成31年）3月 同市内の東雲中学校に統合され閉校。

　冬は3釦シングルイートンに赤ネクタイ、中間服は長袖ワイシャツに同ネクタイを着けた。

　スカートは6枚ヒダのボックスプリーツで、ミディ丈の生徒が多かった。ソックスの色は白、閉校式典では確認できる全員が黒タイツを着用。名札の中央に入った線の色は学年を示しているとみられ、少なくとも青と黄が確認されている。

秋田県横手市
黒川一本木 32

横手市立横手西中学校

よこてしりつ よこてにし ちゅうがっこう

2013 年（平成 25 年）3 月 同市内の
3 校が統合し横手北中学校になるため閉校。

　パネルラインが特徴の蛇腹線 3 本・前開き型の関西襟セーラー服。中学校のセーラー服で、パネルラインが入る例は少ない（着用時のシルエットよりも、成長を見越した余裕のある作りを優先するため）。胸ポケットは両玉縁で、色付きのラインが入った名札を付けた。夏服は角襟ブラウスで、ノーネクタイ。冬体操服及びハーフパンツは青を下地に白黒のラインが入り、夏冬ともに背中に「YOKOTENISHI J.H.School」が印字された。

長袖ジャージの袖に入った黒のライン上には、交差する白線の模様が入っている。

秋田県

📍 秋田県横手市
　新坂町 2-74

横手市立鳳中学校

よこてしりつ　おおとり　ちゅうがっこう

2013年（平成25年）3月 同市内の3校が統合し横手北中学校になるため閉校。

　冬服は関東襟の前開きセーラー服で、タイ留めに入った校章刺繍が特徴。

　左胸元に名札を付け、その下にバッジを1つ取り付けた。
スカートは18本車ヒダと推定される。夏服はワイシャツをノーネクタイで着用した。

　資料から確認できる限り、女子生徒は冬季は黒タイツ、夏季は白のソックス（長さは生徒によってまちまち）を着用していた。

　冬体操服は上下赤地でライン等のデザインの入らない非常にシンプルなものであり、左胸元に校章と氏名が刺繍されている。夏体操服は白無地クルーネックの半袖に、裾部分に白のデザインがある紺のハーフパンツ。

秋田県

秋田県横手市
山内土渕鶴ケ池 17-2

横手市立
山内中学校

よこてしりつ
さんない ちゅうがっこう

2018年（平成 30 年）3 月
同市内の横手南中学校に
統合され閉校。

　青の紐タイをワイシャ
ツに結ぶ、オーソドック
スな 3 釦シングルイート
ン。夏服はノーネクタイ
の角襟ブラウスだった。
指定鞄は紺地にグレーの
ベルトが特徴の3WAY
バッグ。

　上履きは白地の運動靴
で、学年によって靴の図
柄部分と紐の色を変えて
いたようだ。

　長袖体操服は青地に
赤・白ライン、襟付きV
ネックのものであったと
推定される。

秋田県

秋田県横手市
雄物川町今宿字鳴田 35

横手市立雄物川中学校

よこてしりつ おものがわ ちゅうがっこう

2012年（平成24年）3月 同市内の
3校が統合し横手明峰中学校になるため閉校。

　関東襟・白線2本のセーラー服で、ライン入りのダービータイを着けた。ダービータイの帯には白の刺繍が入る。最大の特徴は巨大なクリップ式の名札である。一般的に企業等で使用されるタイプの名札であるが、中学校で生徒が付けるものとしては非常に特異であると言える。

　夏・中間服は開襟シャツ、ソックスは白指定だった。青・白ツートンカラーの指定鞄があり、多くの生徒がナイロンスクールバッグと併用していたようだ。

秋田県

秋田県雄勝郡羽後町
貝沢拾三本塚 25

羽後町立三輪中学校

うごちょうりつ みわ ちゅうがっこう

2016年（平成28年）3月 同町内3校が統合し
新生の羽後中学校になるため閉校。

　4釦2掛のダブルブレストイートン。丸襟ブラウスに赤の紐タイを結んだ。

　男子は詰襟の左右にバッジを付けていたが、女子の着用は確認できなかった。

　スカートは20本車ヒダと推定される。

秋田県雄勝郡羽後町
田代字畑中 45

羽後町立高瀬中学校

うごちょうりつ たかせ ちゅうがっこう

2016年（平成28年）3月 同町内の3校が統合し
新生の羽後中学校になるため閉校。

　帯に金と白の校章刺繍が入ったダービータイが特徴の、
平線2本・関西襟セーラー服。

　名札は学年色とみられ、黄・緑・橙の3色が存在した。

　ソックスは白指定で、長さは生徒によりまちまちであっ
た。夏服は丸襟ブラウスに青の紐タイを結んだ。スカート
は太いプリーツの車ヒダ。

秋田県湯沢市
相川梅ケ台 19-1

湯沢市立須川中学校

ゆざわしりつ すかわ ちゅうがっこう

2015年（平成27年）3月 同市内の
湯沢南中学校に統合され閉校。

　冬は4釦2掛のダブルイートン、中間服はプルオーバーのVネックベスト、夏服は丸襟ブラウス。いずれも青の紐タイを結んだ。夏季は白の

ショートクルーソックス、冬季は黒タイツを着用。
　中間服の長袖ブラウスとベストとの組み合わせで黒タイツを穿く生徒が複数おり、学校制服では比較的珍しいスタイルである。上履きはムーンスターのジムスター。

山形県東置賜郡高畠町
安久津700

高畠町立
第一中学校

たかはたちょうりつ
だいいち ちゅうがっこう

2016年（平成28年）3月 同町内の
4校が統合し高畠中学校になるため閉校。

　夏服は丸襟ブラウスに赤紐タイ、中間服はプルオーバーのVネックベスト、冬服は4釦2掛のダブルイートン。

　名札は一般には小学校でよく見られるビニールケース型で、年組と氏名を手書きした織名札を挿入した。

　指定リュックサックがあり、紺と白のツートンカラーに黄色の校章が特徴。

　ソックスは白指定でハイソックスの生徒が多かった。上履きはアキレスのスクールリーダー、カラーリングは青・緑・赤で学年色だったようだ。

指定のリュックサック。デザインはP.45の横手市立雄物川中学校の指定リュックサックと全く同一であり、違いは中央の校章部分のみである。同じメーカーが手掛けたものと判断して間違いないだろう。

シンプルな4釦2掛
イートン。最大の特徴
は名札にあると言って
いいだろう。

両袖上部以外は無地と
いうシンプルなデザイ
ンの長袖ジャージ。襟
ぐりはVネックで、胸
当てが付いている。

半袖体操服。長袖
ジャージと比較する
と校章が大きく表示
されている。

山形県東置賜郡高畠町
福沢196

高畠町立
第四中学校

たかはたちょうりつ
だいよん ちゅうがっこう

2016年（平成28年）3月 同町内の
4校が統合し高畠中学校になるため閉校。

　4釦2掛のダブルイート
ン。最大の特徴は垂れ下
がった赤の成型リボンだ。
サイズが大きくボリュー
ミーで、Vゾーンを埋め尽
くすような印象。イラスト
ではやや襟元からはみ出て
いるが、集合写真のほぼ全
生徒が、垂れたリボンの先
がジャケットの内側に入る
ようにしていたのは、その
ような服装規定があったも
のと推測される。スカート
はボックスプリーツ。

　卒業式で女子生徒は確認
できる限り全員が黒タイツ
を着用していた。

山形県

📍 山形県新庄市
大字泉田字往還東 398

新庄市立
萩野中学校

しんじょうしりつ
はぎの ちゅうがっこう

2016 年（平成 28 年）3 月
同市内の新庄市立萩野小学校と統合し
義務教育学校の新庄市立
萩野学園になるため閉校。

冬服はシンプルな 3 釦シ
ングルスーツスタイル、イ
ンナーはワイシャツでノー
ネクタイ。スカートはボック
スプリーツ。中間服はベス
トだが、背面資料しか得ら
れず詳細は不明である。本
書掲載の中学校の中で唯
一、スラックスを穿く女子
生徒が確認された。紺の上
着と異なる黒っぽい色で
あったため、男子の詰襟用
のものを穿いていたとみら
れる。

　冬季は黒タイツ、中間服
では白のハイソックスの着
用が確認できた。スカート
丈は比較的短く、膝上丈の
生徒もいた。

山形県尾花沢市
鶴巻田866

尾花沢市立
玉野中学校

おばなざわしりつ　たまの　ちゅうがっこう

2020年（令和2年）3月に廃校。

　冬服は6釦3掛のダブルブレストスーツスタイルで、ワイシャツに赤の成型リボンを着けた。最大の特徴はボタンであり、ダブルブレストのスーツスタイルとしては珍しく、金ボタン（銀の可能性もあり）だった。

　通常このタイプのジャケットでは、黒や紺のボタンが選ばれることが多い。6釦ダブルではVゾーン（ジャケットの襟開き部分）が狭くリボンが隠れるため、成型リボンとの組み合わせも比較的珍しい。冬季の資料では、確認できる限り全ての女子生徒が黒タイツを穿いていた。

山形県西置賜郡白鷹町
大字荒砥乙 1158

白鷹町立東中学校

しらたかちょうりつ ひがし ちゅうがっこう

2015 年（平成 27 年）3 月 同町内の
西中学校と統合し白鷹中学校になるため閉校。

　冬服・夏服ともに東北襟・カットタイの前開き
セーラー服で、ラインの入らないシンプルなデザ
インが非常に特徴的である。着丈が長く、腰に
達する。カットタイの帯には「H」の刺繍。セー
ラー服の左襟にバッジを 2 つ付けた。

　冬服ではセーラー服の下にワイシャツを着用。
冬季ではカーディガンをセーラー服の下に着用
する生徒がいたが、着丈の長いセーラー服なら
ではの着用方法であろう（一般的なセーラー服
の着丈はカーディガンより大幅に短く、裾から大
きくはみ出すため、普通はセーラー服の上に着用
する）。

特徴のある細身・縦長のセーラー襟。本書では、この形
状を独自に「東北襟」と分類した。

山形県米沢市
李山2139

米沢市立
南原中学校

よねざわしりつ
みなみはら ちゅうがっこう

2019年（平成31年）3月 同市内の
第二中学校に統合され閉校。

　4釦1掛のスペンサー
ジャケットで、ワイシャツ
に紺・緑・赤のストライプ
が入った成型リボンを着け
た。ジャケットの襟はセミ
ピークドラペルとみられる。
スカートは16～20本車ヒ
ダで、紺を下地とした赤茶
系のチェック模様が入った。
夏服は半袖ワイシャツを
ノーネクタイで着用。

　ソックスは黒のショート
クルー丈を穿く女子生徒が
ほとんどで、数人がハイソッ
クスを穿いていた。冬季は
資料から確認できる限り、
全員が黒タイツを着用。

福島県河沼郡会津坂下町
字上口705

会津坂下町立
第一中学校

あいづばんげちょうりつ
だいいち ちゅうがっこう

2012年（平成24年）3月 同町内の第二中学校と
統合し坂下中学校になるため閉校。

　首元まで留めるボタンが特徴の4釦シング
ルのカラーレスジャケットで、丸襟ブラウスを
ノーネクタイで着用した。ジャケットは首元の

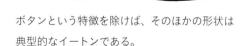

ボタンという特徴を除けば、そのほかの形状は
典型的なイートンである。

　閉校7年前に撮影された合唱部の演奏会の
写真では全員が赤茶の紐タイを結んでいたが、
これが合唱部独自の正装なのか、全生徒が着
けていたものかは不明だ。

福島県

福島県石川郡玉川村
南須釜奥平 290

玉川村立
須釜中学校

たまかわそんりつ
すがま ちゅうがっこう

2020年（令和2年）3月
同村内の泉中学校と統合し
玉川中学校になるため閉校。

　冬・夏（中間）ともに、
金のリボンが極めて印象的
な関東襟セーラー服。ライ
ンが夏・冬で異なっており、
夏（中間）はグレーのパイ
ピング、冬はそこに金のラ
インが加わる。後ろ襟はラ
インが垂直に抜ける。

　着丈が長い新型セーラー
服であり、腰にウェルトポ
ケットが付く。

　冬服では名札の上に校章
とみられる刺繍またはバッ
ジが確認できた（資料不鮮
明のため特定できず）。

　ソックスは白指定とみら
れ、冬季は黒タイツの生徒
が多かったようだ。

グレーのパイピングの縁に金のラ
インが入る。全国的に見ても珍し
い、特徴のあるデザインだ。ブレ
ザーの要素を取り入れた新型セー
ラー服としての外見は、中野区立
第十中学校（P.76）によく似てい
る。

冬服の背面。パイピング及びその縁取りは垂直に抜けるデザインとなっている。

福島県河沼郡柳津町
砂子原居平406

柳津町立
西山中学校

やないづちょうりつ
にしやま ちゅうがっこう

2018年（平成30年）3月
同町内の柳津中学校と統合し
会津柳津学園中学校になるため閉校。

4鈕2掛イートンで、丸襟ブラウスに紺の紐タイを結ぶ。

男子は詰襟の左右に学年章と校章の2つのバッジを付けたが、女子は左胸元の校章バッジのみを付けていたようだ。夏服はVネックのプルオーバー型ベストで、腰のパッチポケットが特徴。左脇がファスナーで開く仕様となっていた。

確認できた冬季の資料ではほとんどの女子生徒が黒タイツを着用していた。

指定リュックは一般的に中学校で採用される3WAYバッグでよく見られるデザインだが、ショルダーベルトは付けられなかったようだ。リュック裏側に記名部あり。

校章バッジの取り付け位置が規定されていたかどうかは不明であるが、胸ポケットではなく襟元に近い位置に取り付けている生徒がいた。

典型的な中学校の3WAYバッグに見えるが、側面にショルダーベルトの取り付け部は見当たらない。リュックとしてのみ使用されていたとみられる。

裾にポケットが付いた、かぶり型ベスト。バストダーツが入っている。

指定リュックサックの背面。手書きの記名部が確認できる。上部ショルダーハーネス固定部にはメーカーを示すとみられるデザインが施されているが、これは生徒によって異なっていた。複数の業者が指定リュックの製造を手掛けていた可能性がある。

福島県河沼郡柳津町
大字柳津字上村道上乙 1580

柳津町立
柳津中学校

やないづちょうりつ
やないづ ちゅうがっこう

2018年（平成30年）3月 同町内の
2校が統合し、会津柳津学園中学校に
なるため閉校。

　冬服は4釦2掛のダブル
イートン。大きな丸襟のブ
ラウスで、襟をジャケット
の上に出して着用した。ネ
クタイはない。

　最大の特徴は左袖に付け
た校章のワッペンである。
現代の学校制服において袖
章自体が珍しいが、イート
ンに付くこともまた希少で
ある。

　夏服はVネックのプル
オーバー型ベスト。ソック
スは白のハイソックスが指
定されていたとみられる。

福島県

福島県石川郡平田村
上蓬田字切山 1

平田村立蓬田中学校

ひらたそんりつ　よもぎた　ちゅうがっこう

2016 年（平成 28 年）3 月 同村内の小平中学校と統合し
ひらた清風中学校になるため閉校。

　平線 2 本関東襟のプルオーバー型セーラー服で、カットタイを着けた。ラインは後ろ襟で井桁型に交差する。

　オーソドックスな旧来型セーラー服では珍しく、スカートはボックスプリーツ（8 枚ヒダ）であった。ソックスは白指定で、冬季は黒タイツを穿く生徒も多かった。

　冬体操服は立ち襟の内側が鮮やかな黄色のジャージで、ラグランスリーブ。制服・体操服ともに、夏季は資料がなく不明である。

61

福島県

福島県郡山市西田町
鬼生田字杉内 535

郡山市立西田中学校

こおりやましりつ にしだ ちゅうがっこう

2018 年（平成 30 年）3 月 同市内の 5 つの
小学校と統合し、西田学園になるため閉校。

　白地に赤ラインが映える蛇腹 2 本線の関東襟セーラー服。赤の
三角タイをタイ留めに通した。後ろ襟ではラインが井桁型に交差
している。

　スカートは 6 枚ヒダボックスプリーツ、ソックスは白指定であっ
た。校外学習時の外履きも全員が白の運動靴を履いていたことか
ら、通学靴も校則での色指定があったものとみられる。

　夏季でもセーラー服の下に体操服とみられる黒のインナーを着
用しており、袖からインナーがはみ出ている状態が普通であった
ようだ。

福島県

福島県田村市
船引町上移字橋本 125

田村市立移中学校

たむらしりつ　うつし　ちゅうがっこう

2018 年（平成 30 年）3 月 同市内の船引中学校と統合し閉校。

　冬服は平線 3 本の東北襟セーラー服で、赤の三角タイを刺繍入りのタイ留めに通した。

　夏服は資料不鮮明のため細部は不明であるが、白身頃に紺襟、白ライン。特筆すべき点として、夏服では冬と異なり青の三角タイであった。夏・冬で三角タイの色を変える例は比較的珍しい。

　ソックスは白のハイソックス丈を穿く生徒が多かったが、長さの指定はなかったものとみられる。

　長袖体操服は赤地に「UTSUSHI」の文字が特徴の襟付き V ネック。これと同様にハーフパンツにも校名が入る。資料から確認できる限り、長袖体操服を着用する生徒は全員がハーフパンツを穿いていたようだ。半袖体操服は無地の紺で、セーラー服の下にも着用していた。

63

福島県

福島県南会津郡南会津町
福米沢大田 1340-1

南会津町立
檜沢中学校

みなみあいづちょうりつ
ひさわ ちゅうがっこう

2017年（平成29年）3月
同町内の田島中学校と合併のため閉校。

　４釦２掛ダブルイートン
で、丸襟ブラウスに紺の紐
タイを結んだ。スカートは
20本車ヒダと推定される。
ソックスは白指定だったと
みられるが、冬季の集合写
真ではほとんどの生徒が黒
タイツを穿いていた。

　名札は上部に学校名、下
部に氏名。中央に入ったラ
インは学年色とみられ、青
と赤が確認された。特に昭
和50年代〜平成初期には
スキー部と剣道部の強豪校
として知られており、県大
会での複数の優勝を含む好
成績を残している。

関東

埼玉・千葉・東京・
神奈川・茨城・栃木・群馬

埼玉県春日部市
谷原新田 1507

春日部市立谷原中学校
かすかべしりつ やわら ちゅうがっこう

2019 年（平成 31 年）3 月 同市内の中野中学校と統合し
春日部南中学校になるため閉校。

　冬服は平線 3 本関東襟のプルオーバー型セーラー服で、ウエスト
ダーツとバストダーツが入った。スカートはスクエアネックジャンパー
スカート。タイ留めには谷原中学校のイニシャル「Y」のブラックレ
ター。胸ポケットは両玉縁で、校章バッジを付けた。

　夏服でもジャンパースカートを着用したが、生地の薄い夏仕様で
あった。

　上履きは学年色。名札は中学校の名札としては珍しいビニールケー
ス型の横向き。

体操服のデザインが独特で、紺地に白の V ネック、黄色の校章が特徴。

　タレントのビビる大木氏は本校の卒業生である。

📍 埼玉県秩父郡小鹿野町
般若 902

小鹿野町立長若中学校

おがのちょうりつ ながわか ちゅうがっこう

**2016年（平成28年）3月 同町内の4校が統合し
新生の小鹿野中学校になるため閉校。**

　夏（中間）・冬ともに小型の関東襟で平線だがラインの本
数が異なっており、冬は赤線3本、夏は黒線2本である。
タイ留めの2色カラーの刺繍で描かれた校章が特徴だ。

　夏・中間・冬ともに着丈が長く胸ポケットは両玉縁で、夏・
中間服にはバストダーツが入る。スカートは20本車ヒダ。
上履きはバレーシューズ。

　指定鞄とみられる紺の3WAYバッグがあったが、デザイ
ン詳細は不明である。

埼玉県

 埼玉県秩父郡小鹿野町
両神薄 2900

小鹿野町立
両神中学校

おがのちょうりつ りょうかみ ちゅうがっこう

2016 年（平成 28 年）3 月 同町内の 4 校が統合し
新生の小鹿野中学校になるため閉校。

平線 2 本の関東襟・プル
オーバー型セーラー服で、
ラインの入ったカットタイ
が特徴。

非常に低い位置に胸当て
が付いた。スカートは 16 本
車ヒダと推定。

ソックスは白指定で、ハ
イソックス丈を穿く生徒が
多かったが長さにはバラつ
きがあった。

通学鞄は、資料から確認
できる限り全ての生徒がス
クールナイロンバッグを使
用していた。

通学靴は全員が白い運動
靴を履いており、校則によ
る指定があったものとみら
れる。

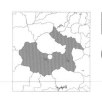

秩父市立大滝中学校

ちちぶしりつ おおたき ちゅうがっこう

2015年（平成27年）3月 同市内の荒川中学校に統合され閉校。

　うぐいす色（くすんだ黄緑）の三角タイとラインが非常にユニークな関東襟セーラー服。この色を採用するセーラー服は、全国的にみても極めて稀であることは間違いない。そのほか、胸の両玉縁ポケットの上に校章の刺繍が入っている。プルオーバー型とみられ、ウエストダーツあり。

　ソックスは白指定で、クルー・ショートクルー丈の女子生徒が多かったようだ。卒業式（2015年）の女子生徒は全員が黒タイツを穿いていた。

　冬体操服は青地に白のラインが入っており、左胸に「大滝中」表記のゼッケン（布製名札）が付いていた。

長袖ジャージの両袖・首元には白線を連ねたデザインが施されている。左袖には黒地に黄色文字のタグも付いていたが、細部は不明である。

千葉県夷隅郡大多喜町
中野589

大多喜町立西中学校

おおたきちょうりつ にし ちゅうがっこう

2018年（平成30年）3月 同町内の大多喜中学校に統合され閉校。

　胸元ではなく、ブラウスの左襟に取り付ける校章がポイントのダブルイートンスタイル。

　冬服は4釦2掛のイートン、夏服はレギュラーカラーブラウス。夏冬ともにノーネクタイで、名札の着用は確認できなかった。

　体操服は冬が上下赤でデザインが入らない代わりに白のファスナーが映えるジャージで、夏は赤青のストライプが入った襟付きVネック。

📍 千葉県茂原市
緑ケ丘 1-53

茂原市立
西陵中学校

もばらしりつ せいりょう ちゅうがっこう

2020年（令和2年）3月
同市内の冨士見中学校に統合され閉校。

　紺の2釦シングルブレザーと、やや緑みのある紺系のタータンチェックスカートの組み合わせ。インナーはポロシャツとみられ、ノーネクタイで着用した。

　腰ポケットは、パッチポケット＋フラップという珍しい形式。冬季の資料では、黒のセーターを中に着ている生徒が多かった。

　本校は2018年から映画・ドラマのロケに使用されるようになり、閉校式では俳優やタレント数十人のサイン色紙が展示されていたという。中でも本校でMVを撮影したボーカルグループ「COLOR CREATION」は閉校式に動画でメッセージと歌を贈った。

埼玉　千葉　東京　神奈川　茨城　栃木　群馬

千葉県千葉市
花見川区天戸町 1428-1

千葉市立
花見川第二中学校

ちばしりつ　はなみがわだいに　ちゅうがっこう

2015 年（平成 27 年）3 月 同市内の
花見川第一中学校と統合し花見川中学校になるため閉校。

　鮮やかな赤い成型リボンと金・赤のエンブレムが映える典型的な紺ブレ・グレースカートスタイル。ソックスは黒。

　冬服は 2 釦シングルの紺ブレザーで、下に 2 釦 1 掛のベストを着用。スカートは 8 枚ヒダのボックスプリーツ。ラペルに校章とみられるバッジ、胸ポケットに名札を付けた生徒がいたが、デザイン詳細不明である。

　中間服はベストを着用し、ブラウスの第 1 ボタンを開けてリボンは着けなかった。

千葉県

千葉県勝浦市
興津 1222-1

勝浦市立
興津中学校

かつうらしりつ おきつ ちゅうがっこう

2017年（平成29年）3月 同市内の3校が統合し
勝浦中学校になるため閉校。

　極めて珍しい、白のピーターパンカラーが付いた1釦ボレロ。本書掲載の200校の中で唯一のボレロタイプの制服である。

　大きな白襟はブラウスの襟ではなく、ボレロ本体に取り付けてある。インナーには丸襟のブラウスを着用。首元に光沢のある黒のシャンクボタン。中学校の制服として一般的に見られるボレロでは前開きは金属製のホックで留めるものが多く、ボタンのあるデザインはユニークだ。

　左胸ポケットはなく、腰にパッチポケット。夏服は丸襟ステンカラーのブラウスとジャンパースカートを着用（ノーネクタイ）。

　左胸元には黒の台布に2つのバッジと名札を取り付けた。ソックスは白で、アンクル丈の生徒が多かった。

埼玉　千葉　東京　神奈川　茨城　栃木　群馬

東京都墨田区
東向島 4-18-9

墨田区立向島中学校

すみだくりつ むこうじま ちゅうがっこう

2013 年（平成 25 年）3 月　同区内の
鐘淵中学校と統合し桜堤中学校になるため閉校。

　冬服は白線 3 本・関東襟
の前開きセーラー服で、2
色刺繍入りのタイ留めに白
の三角タイを通す。

　胸ポケットは両玉縁で、
紺の台布上に校章と学年組

章バッジを付けていた。

　中間服では丸襟のブラウ
スの上にスクエアネックの
プルオーバー型ベストを着
用。ベストのデザインがユ
ニークで、裾のウエストダー
ツ上の左右にボタンが付い
ていた。スカートは 20 本
車ヒダ。

　ソックスは白指定で、冬
季は黒タイツを穿く女子生
徒が多かったようだ。

東京都足立区
江北 5-14-1

足立区立上沼田中学校

あだちくりつ　かみぬまた　ちゅうがっこう

2017年（平成29年）3月 同区内の
江北中学校と統合し江北桜中学校になるため閉校。

　冬服は2釦シングルスーツスタイルで、細型の成型リボンが特徴。

　左胸元には校章の刺繍が入っており、台布に校章バッジと学年組章を付ける。校章刺繍の真下に校章バッジを付けるという変わったスタイルだ。男子の詰襟には校章刺繍がないため、その兼ね合いかもしれない。

　中間服はスクエアネック・楕円形バックルのジャンパースカートをノーネクタイで、ワイシャツの第1ボタンを開けて着用していた。

　ソックスは、資料から確認できる限り全ての生徒が白のショートクルー丈を着用。上履きの運動靴は学年色とみられる。

東京都

東京都中野区
中央 1-41-1

中野区立
第十中学校

なかのくりつ
だいじゅう　ちゅうがっこう

2018 年（平成 30 年）3 月
同区内の第三中学校と統合し
中野東中学校になるため閉校。

　冬服は着丈が長く腰に絞りのある新型セーラー服で、関東襟に臙脂の平線2本で赤の成型リボンを着けた。ブレザーボタンこそないものの、襟以外の形状はブレザーに近く腰にはフラップポケット、胸にはウェルトポケットが付き、パネルラインである。

　また、スカートも新型セーラー服らしくチェック模様が入った。

　夏・中間服は冬服同様の黒地の襟で、身頃は前開きをボタンで留める白のセーラーブラウス。

　夏服の左袖に紺の刺繍が入っていた。

ブレザーの特徴を併せ持つセーラー服。袖も一般的なセーラー服と異なり、ゆったりとした1枚袖ではなくブレザー同様の2枚袖である。袖口には白のカフスらしきものが見えているが、ブラウスの着用は資料からは確認できず、正体は不明。

夏服と中間服。前身頃は冬服と
異なり、ブラウスのようにボタ
ンで留める。このようなブラウ
ス形態のセーラー服では白襟が
採用されるのがほとんどだが、
黒地の襟に赤ラインという冬服
と共通のデザインを取り入れた
特徴のある外見となっている。

中間服

夏服。左袖に紺の刺繍
が入っていた。

東京都墨田区
立花 4-30-18

墨田区立立花中学校

すみだくりつ たちばな ちゅうがっこう

2014 年（平成 26 年）3月　同区内の吾嬬第一中学校と統合し
吾嬬立花中学校になるため閉校。

　薄茶のラインと刺繍が印象的な関東襟セーラー服。最大の特徴は後
ろ襟の左右に入った校章の刺繍である。

　ラインは平線 3 本で、ダービータイ・カフスにも入っていた。胸当
てには立花中学校のイニシャル「T」のブラックレター。

　指定鞄があり、紺地のスクールナイロンバッグに巨大な校章が描か
れていた。

　上履きはムーンスターのジムスターで、青・緑・赤を履く生徒がそ
れぞれいたことから学年色とみられる。

（上）左右に入った校章が印象的な冬服の
後ろ襟。カットタイではなく、ダービータ
イに斜め線が入る方式も珍しい特徴と言え
る。（下）指定ナイロンスクールバッグ。大
きな校章が目印だ。

東京都練馬区
光が丘 2-5-1

練馬区立
光が丘第四中学校

ねりまくりつ
ひかりがおかだいよん ちゅうがっこう

2019年（平成31年）3月 同区内の
光が丘第三中学校と統合し閉校。

　冬服は3釦シングルブレ
ザー。赤地に白のストライ
プが入った重ね型の成型リ
ボンをワイシャツに着けた。
ラペルはローゴージで、校
章とみられるバッジを付け
た。スカートは紺地にシン
プルなチェック模様。

　夏・中間服はワイシャツ
をノーネクタイで着用。指
定とみられるニットベスト
があり、半袖ワイシャツと
の組み合わせで着用する生
徒もいたことから、冬用に
加え、薄手の夏用がそれぞ
れ存在したものとみられる。

神奈川県足柄上郡松田町
寄 2549

松田町立寄中学校

まつだちょうりつ やどりき ちゅうがっこう

2019 年（平成 31 年）3 月 同町内の松田中学校と統合し
新生の松田中学校になるため閉校。

　カラー（上襟）に付けられた白の襟カバーが
非常にユニークな、6 釦ダブルジャケット。上下
共布のスーツスタイルで、ワイシャツをノーネク
タイで着用した。スカートは 20 本車ヒダと推定
される。ラペルには校章バッジを付けていたとみ
られる。

　ソックスは、卒業式の集合写真を見る限りで
はスニーカー丈が 3 人、黒タイツが 2 人であった。

　スニーカー丈ソックスは運動靴に完全に隠れ
ており、色は不明である。

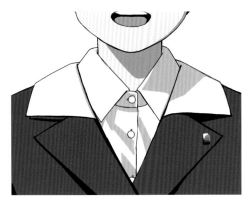

テーラードカラー（いわゆるスーツ、ブレザーの襟）に襟
カバーが付くという方式は全国的に見てもほとんど存在し
ないだろう。襟カバーと言えば通常セーラー服に付くもの
が一般的であり、折襟ジャケットに付く場合もある。

神奈川県

神奈川県横須賀市
鴨居 2-55-15

横須賀市立
上の台中学校

よこすかしりつ　うえのだい　ちゅうがっこう

2011年（平成 23 年）3月 同市内の
鴨居中学校に統合され閉校。

　2釦シングルジャケット
にノーネクタイというシン
プルなスーツスタイル。ス
カートはボックスプリーツ。
ラペルには校章とみられる
バッジを付けていた。

　ジャケットのVゾーンに
同色の布地が覗いているこ
とからジャンパースカート
またはベストを着用してい
るとみられるが、冬季の資
料しか得られなかったため
確定できなかった。

神奈川県

神奈川県足柄上郡山北町
中川 921-87

山北町立三保中学校

やまきたちょうりつ みほ ちゅうがっこう

**2014 年（平成 26 年）3 月 同町内の 3 校が統合し
新生の山北中学校になるため閉校。**

　白 3 本平線の関東襟セーラー服で、印象的な金色の刺繍
の入ったタイ留めに緑の三角タイを通した。胸ポケットは両
玉縁。金刺繍はアルファベット 2 文字とみられるが、資料不
鮮明のためおおまかなシルエットのみ再現している。

　セーラー服の下にインナーの白い襟が見えており、半袖体
操服とみられる。

　スカートは 20 本車ヒダと推定。ソックスは白・アンクル
丈の生徒もいたが、サンプル数が少なく指定の有無は不明で
ある。

📍 神奈川県足柄上郡山北町
川西688

山北町立
清水中学校

やまきたちょうりつ　しみず　ちゅうがっこう

2014年（平成26年）3月 同町内の3校が統合し
新生の山北中学校になるため閉校。

　3釦シングルイートンで、
丸形のステンカラーブラウ
スをジャケットの上に出し
て着用した。ノーネクタイ。
スカートは16本車ヒダ。左
胸元に校章とみられるバッ
ジを付けた。

　冬季の資料から確認でき
る限り、ソックスは白のア
ンクル丈、または黒タイツ
を穿く生徒がいた。清水中
学校と同じ敷地内に清水小
学校も併設されておりグラ
ウンドを共有していたが、
清水中学校閉校の翌年にこ
ちらも閉校となった。

神奈川県横浜市
港南区野庭町630

横浜市立
野庭中学校

よこはましりつ
のば ちゅうがっこう

2020年（令和2年）3月
同市内の丸山台中学校に
統合され閉校。

　3釦シングルスーツスタイルで、ワイシャツをノーネクタイで着用。胸のパッチポケットに校章の2色刺繍が入ったほか、ボタンにも校章がデザインされていた。ラベルは丸みのあるクローバーリーフ。スクエアネック・ボックスプリーツのジャンパースカートがあったとする情報があるが、少なくとも冬服での着用は確認できなかった。

　スカート丈が短い生徒が多く、膝上丈が基本であったようだ。

　ソックスはワンポイント入りの黒のハイソックスを穿く生徒が多かったようだが、指定かどうかは不明である。

茨城県石岡市
高浜 112

石岡市立城南中学校

いしおかしりつ じょうなん ちゅうがっこう

2018年（平成30年）3月 同市内の石岡中学校と統合し閉校。

　夏・中間服はスクエアネックジャンパースカート、冬は上に3
釦シングルジャケットを着用したスーツスタイル。ブラウスはス
テンカラーで、ノーネクタイであった。ジャンパースカートのバッ
クルは四角形。

　校章バッジがあったが、付けていたのは冬ジャケットのラペル
にのみで、夏季の使用は確認されなかった。

　反射テープ2本線が特徴の指定リュックあり。上履きはアサヒ
シューズのグリッパーが指定されていた。

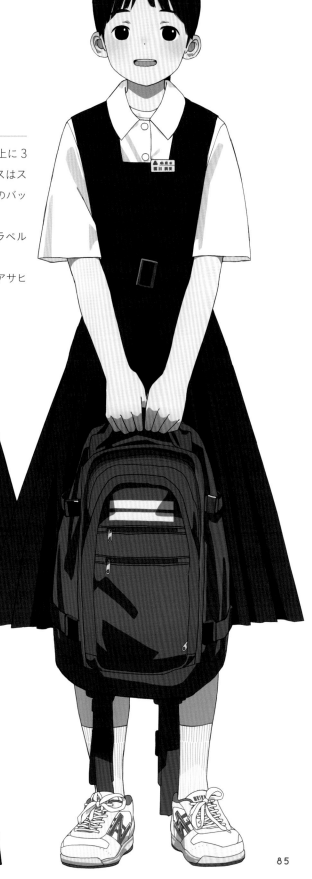

 茨城県

茨城県東茨城郡城里町
小勝 2268-3

城里町立
七会中学校

しろさとちょうりつ
ななかい ちゅうがっこう

2015年（平成27年）3月
同町内の常北中学校に統合され閉校。

　6釦3掛のダブルスーツスタイル。スカートは6枚ヒダのボックスプリーツとなっている。

　ブラウスはステンカラーで、赤の紐タイを結ぶ。ソックスは黒のハイソックス丈を穿く生徒が多かった。

　ジャケットの下襟のゴージラインが低く（ローゴージ）、キザミの上襟側は平行となっている。

　七会中学校の校舎は閉校時点で築16年しか経っていなかったことから、活用方法が検討された。その結果、町役場の支所や公民館の機能のほか、グラウンドを全面芝生化し校舎の1階をトレーニングルームとするなどし、Jリーグ所属の水戸ホーリーホックの練習拠点ともなる複合施設（愛称「アツマーレ」）となった。

茨城県牛久市
久野町 670

牛久市立
牛久第二中学校

うしくしりつ うしくだいに ちゅうがっこう

2020年（令和2年）3月 同市内の奥野小学校と統合し
おくの義務教育学校になるため閉校。

　冬服は3釦シングルイートン、夏・中
間服はスクエアネックのプルオーバー型
ベスト。スカートは前箱ヒダで、18本ヒ
ダと推定される。ブラウ
スはステンカラーが

特徴。

　ソックスは白指定。夏季、男子は確認
できる限り全員がワイシャツの第1ボタ
ンを開けていたものの、女子は第1ボタ
ンまで留めていた。そうした服装規定が
あったのかどうかは不明である。

　名札がやや独特であり、一般的な中学
校の名札と比較してひと回り小さかった。

茨城県東茨城郡茨城町
駒場700

茨城町立梅香中学校

いばらきちょうりつ　ばいこう　ちゅうがっこう

2014年（平成26年）3月 同町内の
桜丘中学校と統合し青葉中学校になるため閉校。

　白平線3本の関東襟セーラー服で、黒の三角タイをタイ留めに通す。左胸当て・ポケットにもラインが入り、胸ポケットのライン上に学年色の名札を付けた。

　名札の色は青・緑・黄である。ソックスは白指定で、ショートクルー丈の生徒が多かったようだ。

　冬体操服は藤色を下地に白黒のラインが入る。胴体のV字ラインが特徴。

埼玉　千葉　東京　神奈川　茨城　栃木　群馬

茨城県

茨城県高萩市
下君田682

高萩市立
君田中学校

たかはぎしりつ　きみだ　ちゅうがっこう

2017年（平成29年）3月
同市内の松岡中学校に統合され閉校。

平線3本関東襟のプル
オーバー型セーラー服。白
の三角タイを手結びした。

スカートは20本程度の車
ヒダ。ソックスは白のショー
トクルー丈を着用していた。
上履きはバレーシューズで、
黄・赤・緑が確認されたが、
生徒数が少なくそれぞれ1
人が履いていたため、自主
的に選んだ色か学年色かは
不明。

セーラー服の下には体操
服とみられる白のインナー
を着ていた。

茨城県取手市
野々井 1567

取手市立野々井中学校

とりでしりつ ののい ちゅうがっこう

2011年（平成23年）3月 同市内の永山中学校に統合され閉校。

　冬服は平線3本関東襟のプルオーバー型セーラー服で、白の三角タイを刺繍入りのタイ留めに通した。夏服はワイシャツをノーネクタイで着用。ソックスは白指定であった。

　冬体操服は赤・緑・青の学年色であり、赤のもののみ上着は白を基調としていた。左胸元には手書き記名のゼッケン。

　夏体操服は上下ともに「NONOI J.H.SCOOL」が印字され、校章とは異なる三角形のロゴマークがデザインされていた。

学年ごとにカラーリング
の異なる体操服。胸当て
が付いた独特のデザイン
である。赤の長袖のみ、
見頃が赤系ではなく白と
なっている。

茨城県笠間市
福田906-6

笠間市立東中学校

かさましりつ ひがし ちゅうがっこう

2015年（平成27年）3月 同市内の笠間中学校に統合され閉校。

　夏服は紺の吊りスカートで、ステンカラーブラウスに赤の紐タイを結んだ。中間服はジャンパースカート、 冬服は6釦3掛のダブルブレストのスーツスタイル。

　吊りスカート着用時は名札と校章バッジを肩紐に取り付けた。ソックスは白指定で、ハイソックスの生徒が多かった。

　上履きは学年色とみられるバレーシューズで、色は赤・緑・青の3色。

栃木県芳賀郡茂木町
飯1650

茂木町立逆川中学校

もてぎちょうりつ さかがわ ちゅうがっこう

2017年（平成29年）3月 同町内の茂木中学校に統合され閉校。

　夏・冬ともに水色の手結びリボンが非常に印象的な関東襟セーラー服。ラインは青の2本線で、後ろ襟で井桁型に交差した。

　リボンは形状からパータイと推測される。
女子生徒全員が校章とみられるバッジを名札の横に付けており、校則によって規定されていたものとみられる。

　卒業式の写真では女子生徒全員が黒タイツを着用していた。また、3年生全員がつま先が緑のバレーシューズを履いていた。学年色とも考えられるが、ほかの学年の資料がなく不明である。

埼玉　千葉　東京　神奈川　茨城　栃木　群馬

栃木県那須郡那須町
大字寺子丙 92

那須町立
黒田原中学校

なすちょうりつ
くろだはら ちゅうがっこう

2017年（平成 29 年）3 月
同町内の東陽中学校と統合し
那須中央中学校になるため閉校。

　3 釦シングルイートン。
ステンカラーのブラウスに
赤の紐タイを結んだ。イー
トンはダーツが入らずフロ
ントカットがスクエア型の
極めてシンプルなもので
あった。

　スカートは車ヒダ。確認
できた冬季の写真資料で
は、女子生徒全員が黒タイ
ツを穿いていた。

　冬体操服は青でグレーの
縦ラインがユニークである。

長袖ジャージ。正面は
縦線が5本入った、シ
ンプルながら珍しいデ
ザインだ。背面には
「KURODAHARA
J.H.SCHOOL」の印
字が入り、正面と異な
り2本の縦線が入る。

那須烏山市立
荒川中学校

なすからすやましりつ あらかわ ちゅうがっこう

2015年（平成27年）3月　同市内の
下江川中学校と統合し南那須中学校になるため閉校。

　紺を基調としたタータンチェックのスカートと赤の成型リボン
が特徴のブレザースタイル。スカートと共布で同じチェックの入っ
た前開きパネルラインのベストを着用。ブレザーとベストのボタ
ンには校章が描かれていた。

　ソックスは白指定で、資料から確認できる限りショートクルー
丈の生徒がほとんどであった。上履きはバレーシューズ。

　冬体操服は紫みのある青で、襟の内側や左胸元の刺繍・袖の
ラインはピーコックグリーンであった。

　左胸元の刺繍は何らかの文字のように見え、おそらく学校名と
考えられるが、不鮮明な資料からは特定できなかった。

　ゼッケンの位置が変わっており、胸ではなく裾付近に付けた。

甲信

山梨・長野

大月市立富浜中学校

おおつきしりつ とみはま ちゅうがっこう

2016 年（平成 28 年）3 月 同市内の猿橋中学校に統合され閉校。

　夏服は赤の蛇腹線 2 本・
関東襟セーラー服、冬服は
白の平線 2 本・関東襟セー
ラー服で、夏冬ともに赤の
三角タイをタイ留めに通し

た。夏服には胸当てがなく、
冬服にはある。白のインナー
が襟から覗いており、体操
服とみられる。ソックスは
白指定で、ほとんどの女子
生徒がハイソックス丈を穿
いていた。

　日本テレビ『笑点』の出
演者として有名な落語家・
三遊亭小遊三氏は、本校の
卒業生である。

長野県諏訪郡富士見町
富士見4654

富士見町立
富士見高原中学校

ふじみちょうりつ ふじみこうげん ちゅうがっこう

2010年（平成22年）3月同町内の南中学校と統合し
富士見中学校になるため閉校。

　ユニークな5釦シングル、クルーネックのカラーレスジャケット。角襟ステンカラーのブラウスをノーネクタイで着用した。スカートは紺地に赤系の華やかなタータンチェック。

　ジャケットはパネルラインで、腰にフラップポケット。

　スカート丈は短く、大部分の生徒が膝上丈で着用。光沢感がある、やや長めのハイソックスを穿く生徒が多く確認されたが、指定かどうかは不明である。そのほか、黒かベージュのカーディガンを着る生徒も多かった。

中学校制服にみる
地域ごとの特色

　学校制服における代表的な地域的特徴と言えば、セーラー服の襟型である。代表的なもので「関東襟（図1）」「関西襟（図2）」「名古屋襟（図3）」「札幌襟（図4）」がある。ほかに、本書では独自に「東北襟（図5）」を分類に追加した。名前からわかる通り、それぞれの地域で見られるとされる襟型である。ただし、本書掲載のイラストでわかるように「関東襟」は関東に限定されておらず、おおむね北信越から東側・関東・東北・北海道まで広く一般的に採用されているようだ。「関西襟」は東海以西、沖縄まで広く分布している。

図1：関東襟　　　　　図2：関西襟　　　　　図3：名古屋襟　　　　図4：札幌襟　　　　　図5：東北襟

　セーラー服の地域的特色としてほかに挙げられるのが、襟色だ。九州・沖縄ではほかの地域に比べて、明るいグレー（図6）や水色（図7）等、明度の高い襟色の夏セーラー服が多いようである。

図6：明るいグレー　　図7：水色

図8：イートン

　ほかに意外にも地域性が判明したのが襟なしの簡易的ジャケット、イートン（図8）だ。本書掲載の201校の中では、東北地方・新潟県で顕著に多く、そのほかの地域ではまばらに分布し、東海・近畿地方では1校も確認されなかった。

　足元に注目すると、俗に「便所スリッパ」と呼ばれるサンダル（図9）を上履きとして採用している学校が西日本で見られるが、東日本ではあまり一般的でない。

　本書をパラパラ眺めていれば、ほかにも制服の地域的特色が見つかるかもしれない。

図9：サンダル

北陸

新潟・富山・石川・福井

 新潟県佐渡市
住吉 280

佐渡市立
東中学校

さどしりつ
ひがし ちゅうがっこう

2013 年（平成 25 年）3 月
同市内の南中学校と統合し
両津中学校になるため閉校。

平線 2 本関東襟セーラー服で、胸当てと胸ポケットにもラインが入る。手結びの紺のパータイと、インナーにブラウスを着用する点が特徴で着丈が長い。

資料から確認できる限り、女子生徒は白のハイソックスを着用。上履きはアサヒシューズのグリッパーで、色は白地に青であったが、学年色の可能性もある。

冬季の資料しか得られず、夏・中間服は不明である。

新潟県魚沼市
須原 1423

魚沼市立
守門中学校

うおぬましりつ
すもん ちゅうがっこう

2019年（平成31年）3月
同市内の入広瀬中学校と統合し
魚沼北中学校になるため閉校。

平線3本関西襟のプル
オーバー型セーラー服。紺
のパータイを手結びした。
胸ポケットは両玉縁。着丈
が長く、腰に達する。

半袖体操服のデザインに
独自性があり、ややカーブ
を描く紺のVネックで襟
が付いた。左胸元には「守
門中」と氏名が楷書体で刺
繍された。

上履きはムーンスターの
ジムスターで、ソックスは
白のアンクル丈が指定され
ていたようだ。

新潟県

新潟県魚沼市
穴沢 271

魚沼市立
入広瀬
中学校

うおぬましりつ
いりひろせ ちゅうがっこう

2019年（平成31年）3月
同市内の守門中学校と統合し
魚沼北中学校になるため閉校。

　3釦シングルイートンで、フロントカットはレギュラー型。ワイシャツに紐タイを結び、赤・緑・青の学年色であった。スカートは20本車ヒダと推定される。

　資料から確認できる限り、名札やバッジ類はなかったようだ。ソックスは白で、長さは生徒によって異なっていた。上履きはムーンスターのジムスターで、男子が青、女子が赤だった可能性がある。

新潟県南魚沼市
上原 129-6

南魚沼市立
城内中学校

みなみうおぬましりつ
じょうない ちゅうがっこう

2018年（平成30年）3月 同市内の
3校が統合し八海中学校になるため閉校。

　冬服は3釦シングルイートンで、丸襟ブラウスに学年色とみられる紐タイ（赤・青を確認）を結んだ。夏服はブラウスをノーネクタイで着用。スカートは20本車ヒダと推定される。

　ソックスは白指定で、上履きはムーンスターのジムスター。

　イートンの胸ポケットには緑の手帳状のものを入れており、生徒手帳とみられる。

名札の横にはバッジを付けていたが、資料が不鮮明のためデザイン詳細は不明。

新潟県南魚沼市
大杉新田416-2

南魚沼市立大巻中学校

なみうおぬましりつ　おおまき　ちゅうがっこう

2018年（平成30年）3月 同市内の
3校が統合し八海中学校になるため閉校。

　冬服は3釦シングルイートン、ワイシャツに学年
色とみられる紐タイを結んだ。夏服は半袖ワイシャ
ツをノーネクタイで着用。

　冬体操服のデザインが独特で、紺地に水色のツー

トンカラー、左胸元とズボンに大きく名字が刺繍さ
れた。こうした記名方法はほかではあまり見られな
い。

　上履きはムーンスターのジムスター、ソックスは
白のハイソックス。卒業式（2018年）の集合写真
では、女子生徒は全員が黒タイツを穿いていた。

新潟県

新潟県五泉市
村松甲 6441-14

五泉市立
山王中学校

ごせんしりつ
さんのう ちゅうがっこう

2017年（平成29年）3月
同市内の愛宕中学校と統合し
村松桜中学校になるため閉校。

　冬服は3釦シングルイートン、丸襟ブラウスに赤の紐タイを結ぶ。ソックスは白のハイソックス丈が指定されていたようだ。

　中間服は丸襟ブラウスをノーネクタイで着用。閉校後の校舎はロケ地として活用されており、公益社団法人新潟県観光協会が運営するWEBサイト「新潟ロケーションガイド」に掲載されている。実際に、ダンス・ボーカルグループ『Jewel（J☆Dee'Z）』の楽曲『Melody』の撮影に使用された。

新潟　富山　石川　福井

新潟県五泉市
愛宕甲 2705-1

五泉市立
愛宕中学校

ごせんしりつ
あたご ちゅうがっこう

2017年（平成29年）3月
同市内の山王中学校と統合し
村松桜中学校になるため閉校。

　冬服は3釦シングルイートンで、丸襟ブラウスに緑の紐タイを結んだ。中間服は丸襟ブラウスをノーネクタイで着用。

　冬季の集合写真ではほとんどの女子生徒が黒タイツを穿いており、少数の生徒が白のハイソックスを穿いていた。

　上履き運動靴の靴紐の色によって学年を識別していたとみられ、赤・青・黄が確認された。

新潟県村上市
有明 1380

村上市立神納中学校

むらかみしりつ かんのう ちゅうがっこう

2019年（平成31年）3月 同市内の平林中学校と統合し神林中学校になるため閉校。

　冬服は2釦シングルブレザーで、赤の成型リボンを着けた。スカートは濃いグレーの無地で車ヒダ。夏服はポロシャツで、リボンを着けて着用していた。

　上履きはムーンスターのジムスター。ソックスは紺のハイソックス丈を穿く生徒が多かったが、長さは生徒によりまちまちであった。グレーと紺のツートンカラーの指定鞄がある。

夏服の半袖ポロシャツ。刺繍等の入らないシンプルなデザインだが、ボタンがグレーとなっている。

中学校の通学鞄としてはオーソドックスなデザインのリュック。資料からは3WAYであるかどうかは判別できなかった。

新潟　富山　石川　福井

新潟県村上市
牛屋 1063

村上市立平林中学校

むらかみしりつ ひらばやし ちゅうがっこう

2019 年（平成 31 年）3 月 同市内の神納中学校と統合し
神林中学校になるため閉校。

　夏服は角襟のステンカラーブラ
ウスに紺の紐タイ、中間服は V ネッ
クのプルオーバー型ベスト、冬服
は 3 釦シングルイートン。最大の
特徴は、イートン・ベスト・スカー

夏服

トそれぞれに入ったオレンジの校
章刺繍である。ベストやジャケッ
トに刺繍が入る例は多いが、スカー
トにまで入るのはユニークな特徴
といえる。男子も詰襟の左襟、ス
ラックスのウエスト付近に同様の
刺繍が入っていた。

　上履きはムーンスターのジムス
ターの白で、青の靴紐を使用して
いた。ソックスは白で、冬季は黒
タイツを穿く生徒の方が多かった
ようだ。

　青・白ツートンカラーの指定
リュックがある。

中間服　　　　　　　　　　　　冬服

HIRACHU
HIRABAYASHI
J·H·S

指定リュック

氷見市立灘浦中学校

ひみしりつ なだうら ちゅうがっこう

2017年（平成 29 年）3 月 同市内の北部中学校に統合され閉校。

　夏服は白身頃に紺の関東襟、平線 3 本。赤の三角タイをタイ留めに通した。胸元には台布を付け、名札と 2 つのバッジを付けたとみられる。ソックスは白、アンクル丈の生徒が確認された。資料がほとんどなく、冬服・中間服は不明である。

　体操服は夏・冬ともに、左胸元に楷書体で刺繍された「灘浦」が特徴である。冬体操服の上下と夏のハーフパンツは、紺地に白ラインで、赤の差し色が入った。

富山県射水市
八幡町 3-14-4

射水市立奈古中学校

いみずしりつ　なご　ちゅうがっこう

2013年（平成25年）3月 同市内の新湊西部中学校と統合し
新湊中学校になるため閉校。

　太さが異なる2本の親子線が最大の特徴の関西襟・前開き
型セーラー服。紺の三角タイを手結びした。

　中間服は白の身頃に紺の襟・胸当て・カフスで、夏服は不明。
名札には校章が描かれていた。

　ソックスは白指定。丈は、ハイソックスとクルー丈の生徒が
半々程度であった。

　黒1色で反射材が
目立つ3WAYバッ
グが指定鞄。

　長袖体操服は青地
に白の校章刺繍とラ
イン。赤で名字が刺
繍された。

富山県射水市
庄川本町 25-50

射水市立
新湊西部中学校

いみずしりつ　しんみなとせいぶ　ちゅうがっこう

2013年（平成25年）3月 同市内の奈古中学校と
統合し新湊中学校になるため閉校。

　平線2本関西襟の前開きセーラー服で、白の三角タイを手結びした。三角タイの結び方が特徴的で、結び目を胸下の低い位置に作る生徒が多かったようだ。名札の形式もユニークであり、校章・学校名入りの名札に、学年とクラスが印字されたシールを貼り付けていた。

　白のインナーを着用しており、体操服とみられる。スカート丈が長く膝下上部が確認できなかったため断定できないが、閉校式では全ての女子生徒が黒タイツを穿いていたとみられる。

シールによって学年と組を表す方式の名札。筆者の知る限りでは、珍しいケースである。

富山県

 富山県下新川郡入善町
舟見 1863

入善町立
舟見中学校

にゅうぜんちょうりつ
ふなみ ちゅうがっこう

2010年（平成22年）3月
同町内の入善中学校に統合され閉校。

　平線3本の関西襟・前開き型セーラー服。刺繍入りのタイ留めに、特徴のある赤茶の三角タイを通した。

　インナーとしてステンカラーの丸襟ブラウスを着用。スカートは20本車ヒダと推定される。

　冬季の女子生徒は揃って黒タイツを着用していた。ソックスの色等は不明。

　本校の校舎は1948年竣工の木造校舎で非常にレトロな外観であった。閉校時点で築62年と老朽化が進んでおり、耐震化が行われていなかったことも、生徒数減少と並んで閉校理由となった。

富山県黒部市
宇奈月町下立 825

黒部市立
宇奈月中学校

くろべしりつ うなづき ちゅうがっこう

2020 年（令和 2 年）3 月 同市内の桜井中学校と統合し
明峰中学校になるため閉校。

冬服は平線 2 本関西襟の前開きセーラー服で、赤の三角タイを手結びした。インナーにブラウスを着用。

中間服はブラウスに赤の紐タイを結んだ。スカートは 18 本車ヒダと推定される。ソックスは白指定。

本校は名称からわかる通り、権利の濫用についての民法上非常に重要な判例として知られる「宇奈月温泉事件（1934 年）」で有名な宇奈月温泉にほど近い。

富山県

富山県黒部市
中新30

黒部市立
高志野中学校

くろべしりつ こしの ちゅうがっこう

2020年（令和2年）3月 同市内の
鷹施中学校と統合し清明中学校になるため閉校。

　冬服は白線3本関西襟のプルオーバー
型セーラー服で、紺の三角タイを手結び
した。インナーとしてステンカラーのブラ
ウスを着用。ソックスは資料から確認でき
る限り、白のアンクル丈が着用されていた。
夏服はブラウスを着用した。資料が限られたため不確定だが、
紺の紐タイを結んだ可能性がある。

　体操服は夏・冬ともに緑を基調としたカラーリングで、
冬は浅緑、夏は青緑。

新潟　富山　石川　福井

117

石川県七尾市
小島町ル部42番

七尾市立
御祓中学校
ななおしりつ みそぎ ちゅうがっこう

2017年（平成29年）3月 同市内の
3校が統合し七尾中学校になるため閉校。

　冬服は平線2本のプルオーバー型セーラー服で、紺の三角タイを手結びする。Vゾーンの浅い札幌襟であり、胸当てが付かなかった。

　夏服は半袖ワイシャツをノーネクタイで着用。指定のナイロンボストンバッグがあり、男女で色が異なっていた。男子は紺地に灰のベルトという一般的なデザインであるのに対して、女子は黒地に赤ベルトという派手なデザインであった。また「御祓中学校」と大きくプリントされ、その下に手書きの記名欄があったことも特徴だ。寄せられた情報によれば、女子用のナイロンバッグの方がカッコいいからと、男子用ではなく女子用を使う男子生徒がいたという。

　体操服は夏・冬ともに左胸元に校章が入り、ハーフパンツには「MISOGI」が表示された。

　ソックスは白指定でアンクル丈の生徒が多く、冬季は黒タイツを穿く生徒も見られた。

大きく「MISOGI」と印字された ハーフパンツ。一般的には厄除けの「おはらい」とも読める印象的な「御祓」という校名は、地域を流れる御祓川に由来する。

石川県七尾市
下町 17-1

七尾市立朝日中学校

なななおしりつ あさひ ちゅうがっこう

2017年（平成29年）3月 同市内の
3校が統合し七尾中学校になるため閉校。

　鮮やかな青の三角タイが印象的な、関東襟・白線3本の
プルオーバー型セーラー服。胸当てがない。

　三角タイは色のインパクトだけでなく結び方にも特徴があ
り、タイを襟下に大きく出した上で下の方で結ぶというスタ
イルで、閉校式典ではほとんどの女子生徒がこの結び方をして
いた。

　卒業生によれば、これは校則による規定ではなく、生徒の
間で自然発生的に生み出された結び方が世代間で受け継が
れた結果であったという。

　胸ポケットには台布を取り付けており、四隅のスナップボ
タンによって固定する方式であった。

　夏服は半袖のワイシャツをノーネクタイで着用。ソックス
は白のアンクル丈、冬季は黒タイツを穿く生徒が多かった。

胸ポケットの
四隅のスナッ
プボタン

生徒間で発展したと
みられる独特なタイ
の結び方。朝日中学
校の閉校式典では、
大部分の生徒がこの
結び方をしていた。

📍 石川県七尾市
高田町マ部80番

七尾市立田鶴浜中学校

なおしりつ たつるはま ちゅうがっこう

2017年（平成29年）3月 同市内の
3校が統合し七尾中学校になるため閉校。

　平線2本の関東襟・プルオーバー型セーラー服で、赤のパー
タイをタイ留めに通した。

　胸当てがないが、Vゾーンは一般的な関東襟セーラー服
と同じ程度の深さであるため、下に体操服等のインナーを
着用することが前提の作りであったとみられる。着用して
いるインナーは白、グレー、黒の生徒がいたため、必ずし
も体操服である必要は
なかったようだ。

　ソックスは白の
アンクル丈、
冬季は黒タイツ
を穿く生徒
がいた。

新潟　富山　石川　福井

121

中学校特有の徽章取り付け方法
― 台布 ―

　日本の中学校と高校の制服の着用形態において真っ先に挙げられる違いと言えば、胸元の名札（または記名刺繍）の有無だ。

　防犯上の理由で一部に廃止の動きがあるものの、2023年1月現在、まだ多くの公立中学校で名札・記名刺繍が採用されている。

そんな中学校制服の定番アイテム・名札。その名札を、さらに中学校特有の方法で取り付ける方法がある。それが「台布」だ。

　フェルト生地または合皮で作られた長方形の台布に名札やバッジをまとめて取り付けて、安全ピンやスナップボタンで胸元に付ける。

　台布を採用するメリットとしては、たくさんのバッジを取り付ける必要がある場合の制服生地保護のため以外に、洗濯をする際に名札やバッジ類を手軽に取り外せること等が考えられる。実際、家庭で洗濯を行わない冬服では名札を直接縫い付け、夏服では台布を使用するという学校もある。

　高校での台布の使用も少数ながら見られるようだが、台布はシンプルな旧来型のセーラー服やスーツスタイルの制服で採用される場合が多い（台布は胸ポケットの占有面積が広くエンブレムと干渉するし、ブレザーでは通常バッジは下襟のフラワーホールに付ける）ため、80年代以降の新型ブレザースタイルへのモデルチェンジブームによって数が減ったと考えるのが自然である。

コラム執筆にあたり、著者のTwitterアカウントにおいて「台布」に関するアンケートを行った[1]。内容は、台布を中高時代に使用していた人に「学校の所在地」「高校で使用していた場合の在学年代」を問うものである。結果は以下のグラフのようになった。ただしTwitterアンケートという性質上厳密な調査ではなく、あくまで参考数値である。

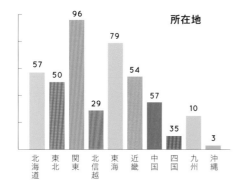

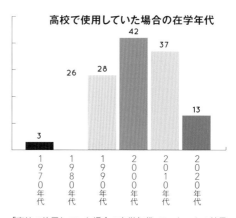

「所在地」アンケートの結果は、本書に掲載されている台布採用の学校の地域分布と大まかにではあるが相違ないものとなった。関東が突出して多いのは、おそらく関東地域のTwitterユーザーが多いことが影響しているだろう。だが、西日本が東日本に比べて少ないのは明白に見て取れる。

「高校で使用していた場合の在学年代」アンケートの結果。数字だけを見れば2000年代高校在学がトップとなるが、注意しなければならないのは、著者のフォロワー層、ひいてはTwitterユーザー全体の各年代の母数が大きく異なる点である。Twitterユーザーはほかの年代よりも圧倒的に20代が多い[2]ため、2000〜2010年代という回答が増えている可能性が高い。とはいえ著者の予想に反して80年代以降の減少傾向をはっきりとは見て取れない結果となった。

※1　Twitterアカウント @kumanoikuma で2022年10月25日に実施。
※2　総務省情報通信政策研究所，令和3年度情報通信メディアの利用時間と情報行動に関する調査報告書，2022年8月

東海

岐阜・静岡・愛知・三重

岐阜県羽島市
桑原町八神 3315-1

羽島市立
桑原中学校

はしましりつ
くわばら ちゅうがっこう

2017年（平成29年）3月
同市内の桑原小学校と統合し、
桑原学園になるため閉校。

　平線2本・関西襟の前
開き型セーラー服。黒の
三角タイをタイ留めに通
し着用した。カフスに
はラインが入らない。
　胸ポケットには黒の
台布を安全ピンで固定
し、校章入りの名札を付
けていた。
　白いインナーをセーラー
服の下に着用しており、体
操服とみられる。資料が少
なく特定が困難であったが、
ソックスは白が着用されて
いたとみられる。

岐阜県瑞浪市
釜戸町 3361-3

瑞浪市立釜戸中学校

みずなみしりつ かまど ちゅうがっこう

2019年（平成31年）3月 同市内の
3校が統合し瑞浪北中学校になるため閉校。

　冬服は平線1本の関西襟・プルオーバー型セーラー服。黒の三角タイを手結びした。

　スカートは22本車ヒダと推定。夏

服は紺襟で冬服同様のライン、カフスなし。

　イラストの腕章は瑞浪市選挙管理委員会のものである。釜戸中学校では2011年以降毎年、市選挙管理委員会から実物の投票箱や記載台・腕章を借りて模擬選挙を行っていた。

　ソックスは白で、長さは生徒により異なった。上履きは色の入らない白1色の三角ゴムシューズ。冬セーラー服の下に長袖のジャージを着るというユニークなスタイルが見られた。

岐阜　静岡　愛知　三重

125

岐阜県瑞浪市
日吉町 2370-1

瑞浪市立
日吉中学校

みずなみしりつ
ひよし ちゅうがっこう

2019年（平成31年）3月
同市内の3校が統合し
瑞浪北中学校になるため閉校。

　巨大な白襟が特徴の典型的名古屋襟セーラー服。前開き型で、黒の三角タイを手結びした。白襟は襟カバーである。カバー下の襟のデザインは不明。カフスや胸当てにはラインが入らなかった。

　ソックスは白指定で、ハイソックス丈の生徒が多かった。セーラー服の下には、体操服とみられる白のインナーを着用していた。名札に入ったラインは学年色とみられ、少なくとも赤・黄を確認。夏・中間服は不明である。

岐阜県瑞浪市
土岐町 516-3

瑞浪市立瑞陵中学校

みずなみしりつ ずいりょう ちゅうがっこう

2019年（平成31年）3月 同市内の3校が統合し
瑞浪北中学校になるため閉校。

　冬服は赤茶のラインが印象的な関西襟・前開き型セーラー服。タイは三角タイを手結びしたものに見えるが、生徒によって結び方・サイズのバラつきがなく、成型リボンであった可能性も否定できない。名札の色は学年色とみられ、青・緑・赤が確認された。

　夏服は丸襟・オーバーブラウスに赤の紐タイを結ぶ。ソックスは白でアンクル丈の生徒が多かった。

　冬体操服は青地に鮮やかな黄色のラインが印象的な、襟付きスクエアネック。首元は胸当てのようになっており、Y字型にラインが入った。

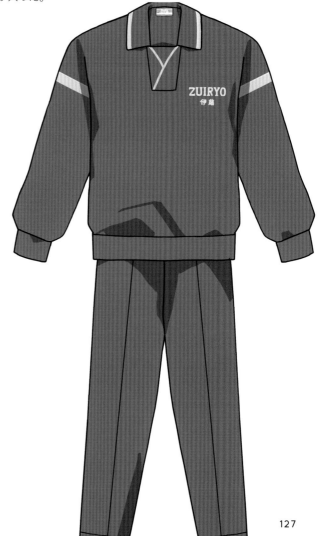

ZUIRYO
伊藤

岐阜県瑞浪市
小里 456

瑞浪市立
稲津中学校

みずなみしりつ
いなつ ちゅうがっこう

2016年（平成28年）3月
同市内の陶中学校と統合し
瑞浪南中学校になるため閉校。

　平線2本・名古屋襟の前
開き型（ファスナー）セー
ラー服で、白の三角タイを
手結びした。カフスにはラ
インが入らない。ソックス
は白指定で、ハイソックス
丈の生徒が多かった。
　スカートは24本車ヒダ
と推定される。セーラー服
の下に体操服とみられる白
のインナーを着用。夏・中
間服は不明。上履きは白の
運動靴（メーカー不明）。

岐阜県

 岐阜県瑞浪市
陶町水上 665-1

瑞浪市立
陶中学校

みずなみしりつ
すえ ちゅうがっこう

2016 年（平成 28 年）3 月
同市内の稲津中学校と統合し
瑞浪南中学校になるため閉校。

　太い平線 1 本・関西襟の
前開き型セーラー服。白の
三角タイを手結びした。カ
フス等、襟以外にはライン
が入らない。

　長袖体操服をセーラー服
に重ね着する生徒が複数見
られ、セーラー服の首元に
ジャージの襟が覗いていた。

　名札は学年色とみられ、
青・黄・白を確認。ソック
スは白指定でハイソックス
丈の生徒が多かったが、短
い丈の生徒もいた。

　上履きはムーンスターの
ジムスター。

岐阜　静岡　愛知　三重

岐阜県岐阜市
則武 1816

岐阜市立伊奈波中学校
ぎふしりつ いなば ちゅうがっこう

2012年（平成24年）3月 同市内の明郷中学校と共に
校区が再編成され、岐阜中央中学校になるため閉校。

　冬服はスカートの裾に入った白のラインが極めてユニークな、8鈕4掛折襟ジャケット。スカートは20本車ヒダと推定される。閉校記念誌『歩む 伊中「伊中のペン」を胸に』には、戦後復興期に生徒・保護者・教員の意見を取り入れて制服が制定されたとする記述がある。

　制服制定時点と閉校時点の制服とで全体のデザインが同様であったかどうかは不明であるが、スカートには当初から白線が入っていた。「ブレザー式」の上着も含め、センスのいい制服として受け入れられたという。

　名札は愛知県・岐阜県でよく見られる縦の丸形で、黒の台布上に取り付けた。

　夏服はワイシャツをノーネクタイで着用。ソックスは白。

岐阜県岐阜市
早田 1901-18

岐阜市立
明郷中学校

ぎふしりつ めいごう ちゅうがっこう

2012年（平成24年）3月
同市内の伊奈波中学校と共に
校区が再編成され、
岐阜中央中学校になるため閉校。

　平線2本・深いVゾーン
の名古屋襟が特徴のプル
オーバー型セーラー服で、
白の三角タイを手結びし
た。胸ポケットはパッチ
ポケット。カフスと胸
ポケットに襟同様のラ
インが入る。

　情報が乏しく、
ソックスの色や夏
服・中間服そのほ
かの資料は得られな
かった。

　本校の校名「明
郷」は、校区にある本郷
小学校と明徳小学校から1
字ずつ取られたものである。
明郷中学校は廃校したが、
同年に本郷小と明徳小が統
合し「明郷小学校」となっ
たことで、名称が引き継が
れた形だ。

岐阜県

岐阜県海津市
南濃町安江 2314-72

海津市立南濃中学校

かいづしりつ　なんのう　ちゅうがっこう

2016 年（平成 28 年）3 月 同市内の城南中学校に統合され閉校。

　夏服は黒の蛇腹線 2 本の関西襟・前開き型セーラー服で、黒の三角タイを手結びした。スカートは黒。

　冬服は資料が少ないが、黒地に白平線 2 本のセーラー服。ソックスは白。

　半袖体操服は白地に緑の差し色が入る。左胸元に「NANNO」と入り、胸元中央にゼッケンを縫い付けている。ゼッケンには名字の下にラインが入っていたが、これは学年色とみられる。黒地のハーフパンツの裾にも「NANNO」の刺繍あり。1999 年、TBS『学校へ行こう！』の収録が本校で行われた。

岐阜県関市
上之保川合中 13502

関市立
上之保
中学校

せきしりつ　かみのほ
ちゅうがっこう

2016年（平成28年）3月
同市内の武儀中学校と統合し
津保川中学校になるため閉校。

　白平線2本のプルオー
バー型セーラー服で、白
の三角タイを手結びす
る。襟の形状が生徒に
よって異なっており、名
古屋襟、関西襟、関東
襟とバラバラであった。
校則に「白線2本のセーラー
服」という規定しかなく各々
が任意の販売店で購入して
いた、または閉校前の特殊
な事情が絡んでいた可能性
などが考えられるが、真相
は不明である。

　体操服とみられる白のイ
ンナーを着用。ソックスは
白で、アンクル丈の生徒が
多かった。

岐阜　静岡　愛知　三重

岐阜県

岐阜県揖斐郡揖斐川町
春日六合 3098

揖斐川町立
春日中学校

いびがわちょうりつ
かすが ちゅうがっこう

2014年（平成26年）3月
同町内の揖斐川中学校に
統合され閉校。

　白線3本・関西襟のプル
オーバー型セーラー服で、
白の三角タイを手結びした。
ラインは胸当て・胸ポケット・カフスにも入る。ソックスは白のハイソックスを
穿く生徒が多く、アンクル
丈の生徒も少数見られた。
　夏服は半袖ワイシャツを
ノーネクタイ・開襟で着用。
スカートは18本車ヒダと推
定される。

愛知県

 愛知県田原市
野田町籠田 3

田原市立
野田中学校

たはらしりつ
のだ ちゅうがっこう

2016年（平成28年）3月
同市内の田原中学校に
統合され閉校。

　平線2本・関西襟のプル
オーバー型セーラー服。白
の三角タイを手結びしてい
た。名札は透明ケースタイ
プで、縦型。体操服とみら
れる白のインナーをセー
ラー服の下に着用。スカー
トは20本車ヒダと推定さ
れる。ソックスは白で、長
さは生徒によってバラつき
があった。

　生地の色はやや明るい紺
であるが、40名程度の女
子生徒が写った集合写真で
は黒い生地のものを着用す
る生徒が数名混じっていた。
資料が乏しく、夏・中間服
そのほかは不明である。

岐阜　静岡　愛知　三重

愛知県田原市
小塩津町宮構 2-7

田原市立
伊良湖岬
中学校

たはらしりつ　いらごみさき
ちゅうがっこう

2019年（平成31年）3月 同市内の
福江中学校に統合され閉校。

　夏・冬服ともに、平線2
本の名古屋襟で、黒の紐タ
イを手結びする。冬服の平
線は夏服よりも間隔を詰
めているように見える。

　上履きはサンダルタ
イプで、女子が赤、男
子は青。左胸元に硬質
で光沢のある台布を付
け、愛知県・岐阜県で
見られる丸形の名札を取り
付けていた。

　半袖体操服は白地に紺と
水色のライン、長袖体操服
は青地に白・赤ライン。双
方とも、左胸元に凝ったデ
ザインのロゴマークが入っ
た。ハーフパンツの裾にも
同ロゴが入る。

制服の夏服・冬服ともに紐リボンだが、セーラー服との組み合わせはあまり一般的でなく、比較的珍しい部類に入るだろう。

夏服

半袖体操服

長袖体操服

岐阜　静岡　愛知　三重

137

愛知県瀬戸市
中山町1

瀬戸市立祖東中学校

せとしりつ そとう ちゅうがっこう

2020年（令和2年）3月 同市内の5つの小学校、
本山中学校と統合し、にじの丘学園になるため閉校。

　夏冬ともに、Vゾーンが胸下深くまで達する典型的な名古屋襟。平線2本で、冬は白の三角タイ、夏は黒の三角タイを手結びする。

　ソックスは白指定で、クルー丈の生徒が多かった。通学鞄は同デザインのナイロンボストンバッグ（紺地に灰ベルト）を使用している生徒が複数いたが、指定の有無は不明である。

　上履きはバレーシューズで、学年色とみられる。

愛知県瀬戸市
道泉町 76-1

瀬戸市立
本山中学校

せとしりつ
もとやま　ちゅうがっこう

2020 年（令和 2 年）3 月
同市内の 5 つの小学校、
祖東中学校と統合し
にじの丘学園になるため閉校。

　夏服は紺の名古屋襟に白
の平線 2 本で、黒の三角タ
イを手結びする。2 本のラ
インは若干太さが異なって
いるように見え、親子線で
あると推定される。ソック
スは白指定で、クルー丈の
生徒が多かった。

　胸元には縦型の名札と思
われるものを付けている生
徒が 1 人確認されたが、ほ
かの資料が得られず詳細は
不明である。スカートは 22
本程度の車ヒダ。

三重県伊勢市
上野町 823

伊勢市立
沼木中学校

いせしりつ
ぬまき ちゅうがっこう

2017年（平成29年）3月
同市内の宮川中学校と統合し
伊勢宮川中学校になるため閉校。

　中間服はワイシャツを
ノーネクタイ・開襟で着用。
濃い赤字に白文字と派手な
名札は学年色とみられる。
ワイシャツの下には、体操
服とみられる緑襟のイン
ナーを着用していた。

　スカートは20本車ヒダ
と推定される。ソックスは
白、アンクル丈の生徒が多
かったようだ。上履きはムー
ンスターのジムスター。

　資料が非常に限られてお
り、冬服は不明である。

📍 三重県伊賀市
上之庄 2711

伊賀市立成和中学校

いがしりつ　せいわ　ちゅうがっこう

2012年（平成24年）3月 同市内の丸山中学校と統合し
上野南中学校になるため閉校。

　赤の平線2本が入った白襟カバーがユニークな、名
古屋襟・前開き型セーラー服。襟カバーの後ろはライン
が井桁型に交差。赤のカットタイと、胸当てに入った赤
の刺繍（校名イニシャル「S」のブラックレター）も印
象的である。胸ポケットは両玉縁。スカートは18本車
ヒダと推定される。

　名札は青で、学年色である可能性もあるが、資料が
乏しくほかの色は確認できなかった。

　中間服はノーネクタイのワイシャツと、Vネックのベ
ストとみられる。

　半袖体操服は、胴中央に巨大な青字で「SEIWA」
と書かれていた。冬体操服上下及びハーフパンツは鮮や
かな水色。

カバー下の本体の襟にラインは入らない。襟カバー
を採用する学校が全てこのパターンという訳ではな
く、本体の襟にもラインが入っている場合もある。

中学校の現況と日本の危機

日本で急速に進む少子化による影響の大きさは、減り続ける小・中・高校数を見てもよくわかる。1990年に1万1275校あった中学校は、30年後の2020年には1万142校にまで、実に1100校以上減少している。これでもまだ生徒数の実際の減少を反映しきれておらず、今後も減少が続くことは間違いない。

「生徒数が減ったから統合すればいい」という単純な問題ではない。特に離島や山間地では、最寄りの学校の閉校によって、バスや船によって長距離を移動しての通学を強いられることになる。そのようなケースに陥った地域は、本書にも何例も掲載されている。そうした地域では子育て世帯の定住が見込みづらく、ますます子どもが減ってしまう恐れがある。そしてせっかく新しい学校・校舎を作って心機一転したつもりでも、根本原因である急速な少子化に歯止めをかけない限り、10年20年先にはその学校も廃校になり、同じことの繰り返しだ。

子どもが減り続ければどうなるだろうか。当然だが子どもはやがて大人になり、働き手・納税者となり、そして母や父となる。子どもがいなければ労働力不足や財政難に陥り、ゆくゆくは経済も福祉も機能不全となる。そのような状況では、ただでさえ少ない若者が結婚し子どもを生み育てる余裕などなく少子化が少子化を加速させ、人口減少が急速に進行する。これは山間部などの限界集落に限った話ではなく、今後数十年で日本という国全体が直面する現実的危機である。すでにこの問題は、高齢化によって膨れ上がる社会保障費、そしてそれに対応するための横ばい賃金下での増税、経済不安による未婚化の進行という形で顕在化して久しい。

実業家のイーロン・マスク氏が2022年「出生率が死亡率を上回るような変化が起こらない限り、最終的に日本は消滅する」とTwitter上でつぶやき話題となった。現在の日本にこの発言を冗談だと笑い飛ばせる余裕はないはずだ。

日本の中学校数と15歳未満人口の推移

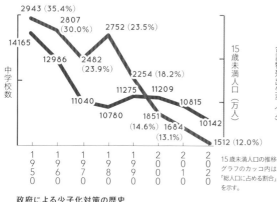

15歳未満人口の推移
グラフのカッコ内は
「総人口に占める割合」
を示す。

日本の合計特殊出生率の推移と政府による少子化対策の歴史

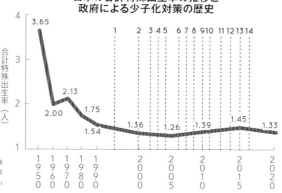

政府による少子化対策の歴史

1	1994	エンゼルプラン、緊急保育対策等5か年事業
2	1999	新エンゼルプラン、少子化対策推進基本方針
3	2001	待機児童ゼロ作戦、少子化対策プラスワン
4	2003	少子化対策基本法、次世代育成支援対策推進法
5	2004	少子化社会対策大綱、子ども・子育て応援プラン
6	2006	新しい少子化対策について
7	2007	「子どもと家族を応援する日本」重点戦略
8	2008	新待機児童ゼロ作戦
9	2010	子ども手当の実施、子ども・子育てビジョン
10	2011	ゼロから考える少子化対策プロジェクトチーム
11	2012	子ども・子育て関連3法成立
12	2013	待機児童解消加速化プラン、少子化危機突破のための緊急対策
13	2015	新しい少子化社会対策大綱、子ども・子育て支援新制度
14	2016	ニッポン一億総活躍プラン

出典：総務省統計局．"統計トピックス No.128 我が国のこどもの数ー「こどもの日」にちなんでー". 2021, https://www.stat.go.jp/data/jinsui/topics/topi1281.html, (参照 2022-12-26)
厚生労働省．"令和2年版厚生労働白書ー令和時代の社会保障と働き方を考えるー". 2020, https://www.mhlw.go.jp/stf/wp/hakusyo/kousei/19/index.html, (参照 2022-12-26)

近畿

滋賀・京都・大阪・
兵庫・奈良・和歌山

滋賀県

滋賀県長浜市
木之本町杉野 489

長浜市立
杉野小・
中学校

ながはましりつ
すぎの　しょうちゅうがっこう

2020 年（令和 2 年）3 月
同市内のそれぞれ木之本小学校、
長浜木之本中学校に統合され閉校。

　間隔を詰めた白平線 2 本、
関西襟セーラー服。緑の三
角タイと、タイ留めに入っ
た刺繍が特徴である。胸
当て・左胸のパッチポケッ
ト・カフスにもラインが
入る。スカートは 18 本
車ヒダと推定される。
ソックスの色は黒が指
定されていたとみられる。

　本校はかつて、近隣の土
倉鉱山の従業員の子どもが
通っており、ピーク時には
400 人の児童数を数えた。
鉱山は 1965 年に閉山、年々
児童・生徒数は減少し、閉
校時には小中学校合わせて
も 15 人であった。

大阪府東大阪市
横小路町 3-12-5

東大阪市立縄手南中学校

ひがしおおさかしりつ なわてみなみ ちゅうがっこう

2019年（平成31年）3月
同市内の縄手南小学校と統合し
義務教育学校くすは縄手南校
になるため閉校。

　冬服は2釦1掛のスペンサージャケット・グレーを基調としたチェックスカートの組み合わせで、中間服は同スカートとポロシャツというスタイルである。冬・中間ともにノーネクタイ。夏服は不明。指定とみられるライン入り・紺地のニットベストがあり、資料から確認できる限り、冬服・中間服の女子生徒全員が着用していた。

　冬服ジャケットの左胸元にはエンブレムが入る。エンブレムは一般的に胸ポケット部分の中央に入るが、このジャケットではウエストダーツを避けるように、やや右寄りに付けられていた。

　ソックスは紺（または黒）指定とみられ、ハイソックス丈の女子生徒が多かった。

大阪府

大阪府東大阪市
太平寺 2-1-39

東大阪市立
太平寺中学校

ひがしおおさかしりつ
たいへいじ ちゅうがっこう

2016年（平成28年）3月 同市内の俊徳中学校と統合し
布施中学校になるため閉校。

2釦シングルの紺ブレザーで、ノーネクタイ。スカートは緑味のある紺地にシックなチェック模様。胸のパッチポケットに

入った金のエンブレムが特徴だ。

男子も同様のブレザーだが襟の形状が異なっており、男子はノッチドラペル、女子は丸みのあるクローバーリーフであった。

着こなしは比較的ラフだったようで、ブレザーの前ボタンは開けて着用する生徒が多く、スカート丈も短かった。

資料から確認できる限り、ソックスは黒のハイソックス丈または黒タイツを穿く生徒が大部分であった。

夏服はポロシャツを裾出しで着用。

📍 大阪府守口市
寺方元町 4-1-40

守口市立第二中学校

もりぐちしりつ だいに ちゅうがっこう

2015 年（平成 27 年）3 月 同市内の第四中学校と統合し
樟風中学校になるため閉校。

　冬服は 2 釦シングルブレザーでスーツ
スタイル、赤のネクタイを着けた。中間
服はワイシャツとネクタイ。

　夏服は開襟シャツで、カブラのある胸
ポケットに紺の校章刺繍が入る。

　スカート丈は短く、ミニ丈の生徒も
いた。ソックスは黒のハイソックスが
指定されていたとみられ、黒タイツを
穿く生徒もいた。上履きはバレーシュー
ズで、つま先が赤と青の生徒がいたた
め学年色の可能性がある。

大阪府守口市
大宮通 3-9-39

守口市立
第四中学校

もりぐちしりつ
だいよん ちゅうがっこう

2015 年（平成 27 年）3 月
同市内の第二中学校と統合し
樟風中学校になるため閉校。

　2 釦シングルの紺ブレザー
で、グレースカートとの組み
合わせ・ノーネクタイであっ
た。胸のパッチポケットには
赤で第四（Fourth）中学校
のイニシャルの「F」の刺繍が
入った。ソックスは黒のハイ
ソックス丈を穿く生徒が多
かったようだ。この制服は 80
年代に採用されたとみられ、
当初は赤のネクタイ（ワンタッ
チ式）を着けていた。

　1989 年当時の写真からは、
ブレザーの襟の形状が男女で
異なっていた様子が確認でき
る（男子はノッチドラペルだ
が、女子は丸みのあるクロー
バーリーフ）が、その仕様が
閉校時まで同様であったかど
うかは不明だ。

　また、1989 年当時は合皮製・
学年色（赤・緑・黄）の台布
があり、学年組章と名札を取
り付けていた。これはネクタ
イと同様に、閉校までには廃
止されている。

このブレザーが採用され
た正確な年は不明だが、
閉校記念誌『結 守口市
立第四中学校 58 年の歩
み』によれば、1984 年
時点では関西襟のセー
ラー服で、紺スカーフ・
黒または紺ラインであっ
た。当時の男子制服は詰
襟で、制帽あり。1960
年の写真でも、同様のデ
ザインとみられる制服が
写っている。

滋賀 京都 大阪 兵庫 奈良 和歌山

閉校時と制服は同一だが、合皮の台布に学年組章と名札、赤のワンタッチ式ネクタイを着けていた。

Ⅲ-A 佐藤

149

守口市立第四中学校

1973年時点

ブルマ（暗濃色。色不明）・白地半袖。裾は出して着用した。

1983年時点

緑のブルマと袖に緑ゴムの絞りが入った緑のクルーネック。左胸元に校章刺繍。裾を入れて着用。ゼッケンには学年色とみられる年組と名字が入っていた。

閉校記念誌『結 守口市立第四中学校 58年の歩み』に掲載された写真に基づく体操服の変遷。ブルマに始まりクォーターパンツを経て男女共通デザインへと移行する過程は、日本全国共通で見られる流れである。

1995年時点

緑地に白2本戦。襟付きスクエアネック。

にみる体操服の変遷

2001年時点

半袖前面デザイン不明。ゼッケンは1983年のものと同一。ブルマがクォーターパンツに変更になり、裾を出して着用した。

半袖は白地で刺繍等なし。クォーターパンツがハーフパンツに変更。

2015年（閉校時点）

紺地に水色の太線。胸元に名字刺繍。

滋賀　京都　大阪　兵庫　奈良　和歌山

私立中学校

🎈 大阪府大阪市
城東区古市 1-20-26

大阪産業大学
附属中学校

おおさかさんぎょうだいがく
ふぞく ちゅうがっこう

2020年（令和2年）3月
17期生卒業式を挙行し閉校。

　学校法人大阪産業大学の附属中学校。冬服は4釦シングルのクルーネック・カラーレスジャケットで、スーツスタイル。スリムな青の成型リボンをブラウスに着けた。腰にウェルトポケット。フロントカットはセミスクエアで、着丈は短め。スカートは20本車ヒダと推定される。

　中間服は丸襟ブラウスにリボンを着け、紺のニットベストを重ね着。夏服もユニークであり、襟の延長上をリボンとして結ぶ形状。袖はパフスリーブ。中間服同様ニットベストを着用していた。

　通学靴は黒のローファー、または紐付きの革靴が指定されていたようだ。ソックスは白のハイソックス、冬季は黒タイツの生徒も多かった。

中間服は一般的な角襟
ブラウスだが、夏服は
襟の延長をリボンとし
て結ぶ独特なデザイン
だ。中間・夏服ともに、
紺のニットベストを着
用。

153

大阪府大阪市
生野区勝山北 3-13-44

大阪市立
勝山
中学校

おおさかしりつ
かつやま ちゅうがっこう

2019 年（平成 31 年）3 月
同市内の鶴橋中学校と統合し
桃谷中学校になるため閉校。

　大きな白襟カバーが特徴
の、名古屋襟セーラー服。
紺のカットタイを着けた。
ソックスは白のアンクル丈
の生徒が多かったようだ。

　胸当て・胸ポケットに
白の 2 本線が入る。胸
ポケットには台布を付
け、名札と 2 つのバッ
ジを取り付けていた。
台布は合皮製とみら
れ、資料によって
赤・黒または紺が確
認できたため、学年色の可
能性もある。ソックスは白、
アンクル丈の生徒が多かっ
た。

　指定のリュックサックが
あり、灰色 1 色のデザイン
に赤字で入った
「KATSUYAMA
Jr. HIGH SCHOOL」
の文字が特徴。

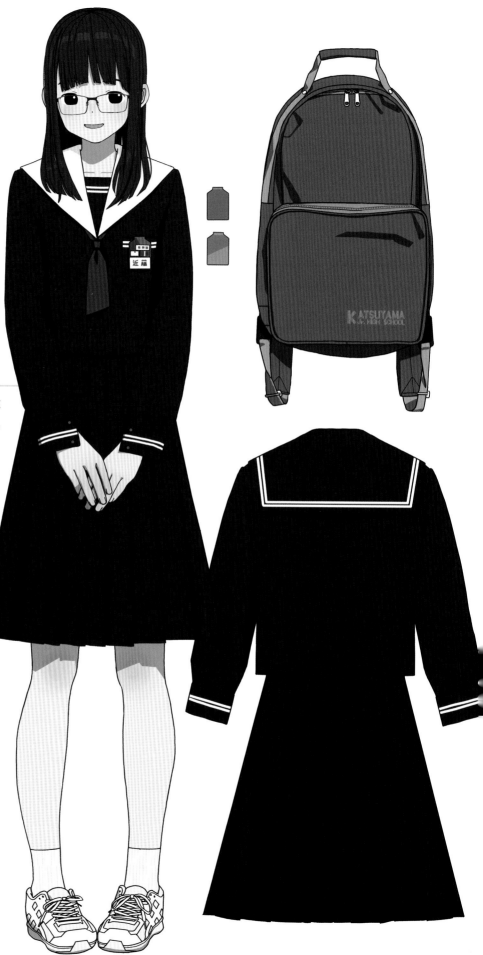

兵庫県神戸市
東灘区住吉山手 5-11-1

神戸大学
発達科学部
附属住吉中学校

こうべだいがくふぞく　はったつかがくぶ　ふぞく
すみよし　ちゅうがっこう

2011年（平成 23 年）3 月 神戸大学による
大規模附属学校再編により
神戸大学附属中等教育学校となり閉校。

　国立大学神戸大学の附属中学校。冬服は鉄色(暗い青緑)の生地・くるみボタン・ボタンの特殊な留め方・身頃のステッチ・左胸元の刺繍・吊りスカートと、見どころの多い極めてユニークな 4 釦シングルカラーレスジャケット。ブラウスはステンカラーで、赤の成型リボンを着ける。

　何と言っても、最大の特徴はボタンの留め方だ。ジャケットにボタンホールが開いているのではなく、環状のループを使用して留めるループ・ボタンである。ループを使用して留める方式は、身近なところではダッフルコートが挙げられる。しかしながら、制服のジャケットに使用される例はほかにほぼ類を見ないであろう。吊りスカートのプリーツもユニークで、前後に 2 本のボックスがあり、そこから左右にプリーツが流れるという特殊な形状であった。

滋賀　京都　大阪　兵庫　奈良　和歌山

奈良県五條市
下之町50

五條市立五條中学校〈旧〉

ごじょうしりつ　ごじょう　ちゅうがっこう

2020年（令和2年）3月 同市内の3校が統合し
新しい五條中学校になるため閉校。

　冬服は2釦1掛ダブルブレザーで、鈍色に細かな格子が
入ったチェックスカートの組み合わせ。

　スペンサージャケットのようなフロントカットだが、着丈
は一般的なブレザーと変わらない。左胸元には金のエンブレ
ムが入る。夏服はポロシャツ。冬服のインナーもポロシャツ
であった可能性もあるが、資料からは特定できなかった。

　ソックスは白で、長さは生徒によって異なった。

　指定のナイロンボストンバッグとナップザックがあり、ボ
ストンバッグには「GOJO」ナップザックには「五條中学校」
と大きくプリントされていた。

　体操服は夏冬ともに赤白のライン、長袖体操服は赤襟と
派手な印象。夏冬ともに背面は月桂冠模様とともに
「GOJO Junior High School」と大きく描かれてい
た。

指定ナップザック。このようなカラーリングのナップ
ザックは、中学校では地域を問わず全国的に採用され
ているようだ。

指定バッグ。外見上は完全にナイロンスクールバッグだが、リュック同様のショルダーハーネスが付いているという独特なデザインだ。生徒たちが実際にどういった使い方をしていたのかは不明である。

奈良県五條市
西吉野町江出 174-1

五條市立
西吉野中学校

ごじょうしりつ
にしよしの ちゅうがっこう

2020年（令和2年）3月
同市内の3校が統合し
新しい五條中学校になるため閉校。

　夏服は関東襟のプルオーバー型セーラー服で、ラインの入らないシンプルなデザインが特徴。紺のパータイを手結びしていた。左胸元には台布を付けたが、ピンで留めるのではなく、セーラー服側に付いたスナップボタンで固定していたようだ。後ろ襟は前襟のサイズと比べるとかなり大きく、肩甲骨下に達した。

　冬服は白線3本の関東襟セーラー服でプルオーバー型、白の三角タイを手結びした。

　ソックスは白のハイソックス丈の生徒が多かった。

奈良県吉野郡天川村
大字沢谷 92

天川村立
天川中学校

てんかわそんりつ
てんかわ ちゅうがっこう

2020 年（令和 2 年）3 月
同村内の天川小学校と統合し
天川小中学校になるため閉校。

　冬服は赤線 2 本の関西襟
セーラー服で、ネクタイ状
のものは赤のパータイを手
結びしたものとみられる。
夏服は資料が乏しく詳細は
不明であるが、冬服同様に
赤線 2 本で関西襟、赤のネ
クタイを結んでいた。左胸
元には黒の台布に名札を付
けた。

　ソックスは白のハイソッ
クス丈、上履きはつま先・
ソールが青のバレーシュー
ズ（学年色の可能性あり）
であった。

滋賀　京都　大阪　兵庫　奈良　和歌山

 和歌山県
橋本市清水 363

橋本市立
学文路中学校

はしもとしりつ かむろ ちゅうがっこう

2016 年（平成 28 年）3 月 同市内の
3 校が統合し橋本中央中学校になるため閉校。

　青の平線 1 本の関西襟
セーラー服で、ラインは後
ろ襟で十字に交差。紺のリ
ボンは三角タイを小さく手
結びしたように見えるが、
生徒ごとの形状のバラつき
が少ないため、成型リボン
であった可能性もある。

　ソックスは黒で、ハイソッ
クス丈を穿く生徒が多かっ
た。

　左胸元に付けた台布に名
札を取り付けた。指定の
3WAYバッグがあり、黒地
に赤のベルトという派手な
デザインであったようだ。

　夏服も冬服と同様の青線
1 本で、白地の関西襟。

冬服デザインと共通性
のある前開きの夏セー
ラー服。後ろ襟のデザ
インは不明。

後ろ襟でラインが交差
する冬服。カフスにラ
インが入らないシンプ
ルなデザインだ。

和歌山県橋本市
市脇 5-3-8

橋本市立
橋本中学校

はしもとしりつ
はしもと　ちゅうがっこう

2016年（平成28年）3月
同市内の3校が統合し
橋本中央中学校になるため閉校。

　夏服・冬服ともに青のパイピングが入った、関西襟セーラー服。青の成型リボンを着けた。

　最大の特徴は後ろ襟の右側に入った刺繍である。デザインは「X」のように見えるが、校章とは異なっており、何を表している印なのかは不明だ。

　スカート丈は比較的短く、膝上丈の生徒も多かった。ソックスは黒のハイソックス丈。

　体操服のデザインも特徴的で、袖に青の太線が入った半袖体操服の左胸元には、橋本中学校のイニシャル「H」とみられる文字が赤で大きくプリントされていた。

独特なフォントの「H」
刺繍が目印の半袖体操
服。ハーフパンツには、
「HASHIMOTO」と
大きく印字されている。

夏セーラー服。後ろ襟
に入った「X」に見え
る刺繍が印象的だが、
どういった意味のマー
クなのか不明。同様の
マークは冬服にも入
る。下部にはラインが
入らないという点も特
徴的だ。

和歌山県橋本市
柏原 500

橋本市立西部中学校

はしもとしりつ せいぶ ちゅうがっこう

2016年（平成 28 年）3月 同市内の
3校が統合し橋本中央中学校になるため閉校。

　夏服・冬服ともに緑線 2 本の関西襟・前開き型セーラー服
で、緑の三角タイを手結びした。

　夏服では台布に名札を付けたが、冬服では胸ポケットに直
接縫い付けていたようだ。

　スカートは 22 ～ 24 本の車ヒダ。

　ソックスは黒で、ハイソックス丈が多かったようだ。時期
は不明であるが、ほとんどの生徒がスカートを膝上丈にして
いたとの卒業生からの情報がある。

中国

鳥取・島根・岡山・
広島・山口

鳥取県

鳥取県鳥取市
鹿野町鹿野 2888

鳥取市立
鹿野中学校

とっとりしりつ
しかの ちゅうがっこう

2018年（平成30年）3月
同市内の鹿野小学校と統合し
鹿野学園になるため閉校。

　平線1本の関西襟セーラー服でプルオーバー型、紺の三角タイを手結びする。セーラー服のインナーとして着用するワイシャツが特徴だ。セーラー服にはバストダーツが入る。ソックスは白で、クルー丈の生徒が多かったようだ。上履きは青のサンダル型。

　本校は鳥取市指定史跡である鹿野城の二の丸跡に作られている。そのため、周囲は立派な堀に囲まれており、桜並木と合わせ、大変景観に優れた立地であった。

鳥取県

鳥取県八頭郡八頭町
北山 51

八頭町立
八東中学校

やずちょうりつ
はっとう ちゅうがっこう

2015 年（平成 27 年）3 月
同市内の 3 校が統合し
八頭中学校になるため閉校。

　冬服は橙のラインと三角
タイが印象的な、札幌襟・
プルオーバー型セーラー服。
インナーとしてワイシャツ
を重ね着した。スカートは
20 〜 22 本の車ヒダ。

　中間服ではスクエアネッ
クのジャンパースカート、
夏服は半袖ワイシャツをそ
れぞれノーネクタイで着用
する。

　名札は台布上に、ほかの
バッジ 2 つとともに取り付
けた。ソックスは白で、長
さは生徒によって異なって
いたようだ。

鳥取　島根　岡山　広島　山口

益田市立鎌手中学校

ますだしりつ　かまて　ちゅうがっこう

2019年（平成31年）3月 同市内の東陽中学校に統合され閉校。

冬服は白線3本・関西襟の前開き型セーラー服で、白の三角タイを手結びする。

夏服・中間服はワイシャツをノーネクタイで着用していた。

スカートは22本車ヒダと推定され、比較的短い膝丈で穿く生徒が多かったようだ。

ソックスは白で、ハイソックス丈の生徒が多かった。上履きは白1色の運動靴。

島根県

島根県益田市
上黒谷町 514

益田市立西南中学校

ますだしりつ　せいなん　ちゅうがっこう

2018年（平成30年）3月 同市内の中西中学校に統合され閉校。

冬服は水色の三角タイが印象的な、関西襟・前開き型セーラー服。ラインは1本で、色は水色とみられる（資料写真では反射が強く、確定できず）。中間服はワイシャツをノーネクタイで着用した。ソックスは白で、ハイソックス丈。スカート丈は短く、資料から確認できる3年生は膝上丈であった。

上履きは運動靴で、デザインは生徒により異なっており、指定はなかったようだ。

岡山県新見市
西方3964

新見市立
神郷中学校

にいみしりつ
しんごう ちゅうがっこう

2016年（平成28年）3月
同市内の新見第一中学校に
統合され閉校。

　3釦シングルスーツスタイル。ボタンは上寄りに付いており、一般的な3釦ジャケットと比較してVゾーンが狭かった。ブラウスは丸襟で、ノーネクタイ。スカートは16〜18本車ヒダ。

　ソックスは白でハイソックス丈が多かったようだが、短い生徒もおり長さの規定はなかったとみられる。上履きは三角ゴムシューズ。つま先の色が女子は赤、男子は青の生徒がいたが、男女問わず白1色のものを履く生徒もおり、色の指定はなく生徒が自主的に選んだ色の可能性もある。

　冬季には紺または灰色のセーターを着用する生徒が確認された。指定鞄の3WAYバッグあり。

📍 岡山県苫田郡鏡野町
富西谷245

鏡野町立富中学校

かがみのちょうりつ とみ ちゅうがっこう

2016年（平成28年）3月 同市内の
4校が統合し新生の鏡野中学校になるため閉校。

　関西襟・白平線1本のプルオーバー型セーラー服。
ブラウスとの重ね着と、胸当てに入った白の刺繍が
特徴だ。着丈が長く、生徒によって若干仕立ての違
いがあったが、カフスに達するほど長い生徒もいた。
　左胸元の台布には学年章・校章とみられる2つの
バッジを付け、名札はなく台布に名字が直接刺繍さ
れていた。
　ソックスは白で、長さの指定はなかったようだ。上履きは
三角ゴムシューズ。

岡山県

📍 岡山県真庭市
美甘4200

真庭市立美甘中学校

まにわしりつ みかも ちゅうがっこう

2016年（平成28年）3月 同市内の勝山中学校に統合され閉校。

　平線2本・関東襟のプルオーバー型セーラー服で、
手結びとみられる赤のネクタイ（パータイ）を着けた。左胸
元の黒の台布には学年章と委員章とみられるバッジを付け、
学校名と名字がそれぞれ金文字で刺繍されていた。これ以外
にも校章と何らかのマークの刺繍またはバッジがあった可能
性があるが、資料写真からは確定できなかった。
　セーラー服の下には体操服とみられる白のインナーを着
用。ソックスは白で、集合写真では女子生徒全員がアンクル
丈であった。

📍 岡山県高梁市
成羽町布寄 109

高梁市立備中中学校

たかはししりつ びっちゅう ちゅうがっこう

2017年（平成 29 年）3月 同市内の成羽中学校に統合され閉校。

　冬服は緑線 3 本の関東襟・プルオーバー型セーラー服で、パータイとみられる緑のネクタイ。ネクタイはタイ留めに通す形だが、ただ通すのではなく、タイ留め上で一旦結び目を作るひと手間を加えていたようだ。左胸元には、黒の台布上に名札・校章・委員章とみられるバッジを付けた。中間服は丸襟のステンカラーブラウスに緑の紐タイ、プルオーバー型ベストを着用した。

　名札は緑※で、セーラー服のラインやタイの色も含め緑が多用された制服だ。ソックスは白で、集合写真では全員がクルー丈を穿いていた。

※資料写真から確認できる限り。学年色の可能性もある。

吉備中央町立加茂川中学校

吉備中央町立大和中学校

吉備中央町立竹荘中学校

吉備中央町立吉川中学校

岡山県

📍 岡山県加賀郡
吉備中央町
加茂市場2100

吉備中央町立
加茂川中学校
きびちゅうおうちょうりつ
かもがわ ちゅうがっこう

岡山県

📍 岡山県加賀郡
吉備中央町
宮地873

吉備中央町立
大和中学校
きびちゅうおうちょうりつ
やまと ちゅうがっこう

岡山県

📍 岡山県加賀郡
吉備中央町
竹荘791

吉備中央町立
竹荘中学校
きびちゅうおうちょうりつ
たけのしょう ちゅうがっこう

岡山県

📍 岡山県加賀郡
吉備中央町
吉川892

吉備中央町立
吉川中学校
きびちゅうおうちょうりつ
よしかわ ちゅうがっこう

2014年（平成26年）3月
同市内の4校が統合し
加賀中学校になるため閉校。

これらの4校は2014年に統合し「加賀中学校」となり閉校した。4校の制服は明らかな類似性が認められるデザインであるが、細部が異なっていた。

共通点かつ最大の特徴は、大きな白襟だ。白襟の下にはジャケットの折襟が別にあり、スナップボタンで取り付ける襟カバーである。折襟ジャケットの襟に襟カバーが付くのは、全国的に見ても非常に珍しい例だ。ほか共通点は黒のシャンクボタンのダブルジャケットのスーツスタイルである点、黒の台布を使用するバッジ・名札の取り付け方法だ。

次に相違点として、竹荘中学校のみ丸襟。またボタンの数が異なっており、大和中学校のみ8釦4掛、ほかは6釦3掛であった。首元までボタンを留めるダブルジャケットであるため、下に着ているブラウスの襟元はほとんど見えなかったが、大和中学校と吉川中学校はブラウスの襟に赤の紐タイ、竹荘中学校は緑、加茂川中学校は紺の紐タイをそれぞれ結んでいた。

吉川中学校ではブラウスの襟の形状は指定されておらず、丸でも角でもよかった。夏服はブラウスに紐タイ、中間服はスカートと共布のプルオーバー型ベストを着用。吉川中学校以外の3校の夏・中間服の詳細は不明である。

広島県山県郡安芸太田町
大字土居 428

安芸太田町立
戸河内中学校

あきおおたちょうりつ　とごうち ちゅうがっこう

2017年（平成29年）3月 同町内の筒賀中学校と統合し
安芸太田中学校になるため閉校。

　冬服は黒の6釦3掛ダブルジャケットで、スーツスタイル。インナーはワイシャツをノーネクタイで着用するというシンプルな制服だ。夏服・中間服はワイシャツをノーネクタイ・開襟で着用。

　ソックスは白で、集合写真から確認できる限り、全員がアンクル丈を穿いていた。

　白地の半袖体操服は、身頃中央に入った大文字の「TOGOUCHI」が特徴。

広島県山県郡安芸太田町
上筒賀 172

安芸太田町立筒賀中学校

あきおおたちょうりつ　つつが　ちゅうがっこう

2017年（平成29年）3月 同町内の戸河内中学校と統合し
安芸太田中学校になるため閉校。

　3釦シングルの紺ブレザーで、ポロシャツをノーネクタイで着用。一見するとシンプルな紺ブレザー・グレースカートの組み合わせだが、スカートはジャンパースカートで、グレーのものは全国的に見ても珍しい部類に入る。ジャンパースカートはスクエアネックで楕円バックル、ボックスプリーツ。

　夏・中間服もポロシャツ・ジャンパースカートの組み合わせで着用する。

　ソックスは白で、資料ではハイソックスまたはクルー丈の生徒が確認された。

📍 広島県呉市
下蒲刈町下島 2119

呉市立下蒲刈中学校

くれしりつ　しもかまがり　ちゅうがっこう

2020 年（令和 2 年）3 月 隣の上蒲刈島（蒲刈町）の蒲刈中学校に統合され閉校。

　冬服は 2 釦シングルの紺ブレザーで、青地に白のストライプの入った成型リボンが特徴。

　スカートはグレー下地に紺系のタータンチェック。

　中間服は長袖ワイシャツにリボン、夏服は半袖ワイシャツを開襟・ノーネクタイで着用していた。

　名札は縦型のビニールケースタイプで、校章入り・手書きの名札を挿入。上履きは青のサンダルタイプで、ソックスは白のアンクル丈の生徒が多かったようだ。指定とみられる黒単色の 3WAY バッグあり。

山口県長門市
通 319-1

長門市立通中学校

なが と し りつ　かよい　ちゅうがっこう

2011 年（平成 23 年）3 月 同市内の仙崎中学校に統合され閉校。

　夏・冬ともに白線 3 本の名古屋襟セーラー服で、夏は紺、冬は白の三角タイを手結びする。胸当て中央部に校章とみられるバッジを付けていたようだ※。夏服は紺襟。

　ソックスは白で、集合写真ではほとんどの生徒がハイソックス丈を着用していた。

　上履きはサンダル型で、女子は赤、男子は青であった。

　指定の 3WAY バッグあり。紺地に濃紺のベルトというデザインで、肩掛けで使用する生徒が多かったようだ。

※資料写真が不鮮明で断定することはできないが、位置が生徒によって異なることから刺繍としては不自然なこと、男子は詰襟にバッジを付けていたことから推定。

📍 山口県長門市
俵山 2305

長門市立俵山中学校

ながとしりつ　たわらやま　ちゅうがっこう

2016 年（平成 28 年）3 月 同市内の
深川中学校に統合され閉校。

　冬服は白の平線 3 本の名古屋襟・プルオー
バー型セーラー服で、白の三角タイを手結
びする。夏服はブラウスをノーネクタイで
着用。スカートは 20 本車ヒダと推定される。

　ソックスは白で、ハイソックス・クルー丈
の生徒が確認された。上履きは男子が青、
女子は赤のサンダル型である。

　体操服は緑で統一されており、冬体操服
は黄色の襟が特徴。半袖・長袖ともに、左
胸元に「俵山中」のプリントがある。

山口県柳井市
伊保庄 3485-1

柳井市立
柳井南
中学校

やないしりつ
やないみなみ
ちゅうがっこう

2020年（令和2年）3月
同市内の柳井中学校に
統合され閉校。

　白線3本・関西襟のプルオーバー型セーラー服で、白の三角タイを手結びする。左胸元には名字のみのシンプルな名札を取り付けた。

　セーラー服の下には体操服とみられる白のインナーを重ね着。ソックスは白で、長さは生徒によりバラつきがあった。

　本校の校舎建築が行われていた1966（昭和41）年「上八古墳（古墳時代後期）」が発掘された。中学校の南で発見された「大段石棺（古墳時代中期）」とともに、本校校庭の西側に移築されている。

四国

徳島・香川・愛媛・高知

香川県

香川県仲多度郡まんのう町
中通838

まんのう町立
琴南中学校

まんのうちょうりつ ことなみ ちゅうがっこう

2016年（平成28年）3月 同町内の
満濃中学校に統合され閉校。

　中間・冬服ともに爽やかな水色の三角タイが印象的な、平線2本※関東襟のプルオーバー型セーラー服で、冬服は着丈が長い。襟には校章・委員章・学年組章など大量のバッジを取り付けており、学級委員や生徒会所属の生徒は「書記」「級長」などのバッジも加わった。

　名札の形状がユニークで、一般的な中学校の名札を横方向に半分切り落としたサイズである。

　上履きは三角ゴムシューズで、女子が赤、男子は青。校則としてソックスは「必ず白」、クルー丈が指定されており、ハイソックスやアンクルソックスは禁止されていた。

　変わった校則として、登下校時の「交通安全タスキ（蛍光反射タスキ）」の着用が義務であったことが挙げられる。これは自転車・徒歩の通学に限らず、バス通学の生徒も含め全員が着用していた。

※線の間隔が非常に狭いが、中央にわずかに線が入っているため2本と判断。太い平線1本の可能性もある。

襟に取り付けた大量のバッジ類。取り付け方は校則により規定されていた。

中間服に比べて着丈の長い冬服。無地のカフスと襟のラインは共通デザインだ。

学生鞄が通学用として指定されていたとみられる。学生鞄単体では使用せず、リュックサックと併用する生徒が多かったようだ。また、確認できる限りの生徒が学生鞄に防犯ブザーを取り付けており、これも指定の可能性が高い。昭和と平成後期の要素を合体させたような外見でユニークだ。防犯ブザーは、男子も女子も青を使用していた。

まんのう町立
琴南中学校

ジャージ上下ともに、背面に反射材とみられる生地が付けられている。通学用の反射タスキの指定といい、安全面を重視する校風が窺える。

半袖体操服は、赤と青のラインを使用した鮮やかなデザインだ。Vネックのラインの重なりも特徴の1つである。上履きは「三角ゴムシューズ（足の甲をゴムで覆ったもの）」が指定されていた。

パネルラインを採用
する正面デザイン。
両袖及びパンツには
4色使いのスタイ
リッシュなデザイン
が施されている。

● 香川県さぬき市
　津田町津田 164-2

さぬき市立津田中学校

さぬきしりつ　つだ ちゅうがっこう

2015 年（平成 27 年）3 月 同市内のさぬき南中学校に統合され閉校。

冬服は関東襟 3 本平線の紺セーラー服で、赤の三角タイをタイ留めに通した。襟には、同市内の志度東中と同様に複数のバッジを付けた。（着用者からみて）右上が校章、下が委員章、左が学年組章である。バッジ取り付け位置はイラストの通りに規定されていた。

　津田中学校の通学スタイルの非常にユニークな点として、ナイロンボストンバッグに加えて、昭和時代によく見られた「学生鞄」の併用が挙げられる。この形式は、閉校直前に近い時期（2012 年頃）でも見られた。スクールバッグには体操服を入れ、学生鞄には教科書類を入れて使用していた。

　学生鞄に関するこれまたユニークな校則として、自転車通学の生徒は「自転車の荷台に学生鞄を紐でくくりつけること」が規定されていた。

　ナイロンボストンバッグは、通称「津田中バッグ」と呼ばれており、バッグの中央に描かれた白の図形は津田中学校の美術教師がデザインしたもの。ひらがなの「つだ」の文字をうまく組み合わせたものである※。ショルダーベルトを付けて、肩掛けで使用する生徒が多かったようだ。色に関しては、2008 年度新入生までは 2 色あり、青を男子、赤を女子が使用した。2009 年度に赤は廃止されたが、姉のお下がりを使用する生徒は引き続き赤のバッグを使用することが可能で、実際に周りが青 1 色のなか 1 人だけ赤という様子も見られた。

　ヘルメットは保安帽型（MP 型）で、女子は赤、男子は青のラインが入っていた。

　体育館シューズはムーンスターのジムスターが指定。

※著作権上の配慮からイラストは簡易描写としている。

指定ヘルメット。赤ラインは女子で、男子は青ラインを使用した。

冬服と共通デザインの夏セーラー服。中間服は不明。

矢印を交互に配置したような複雑な模様が入った長袖ジャージ。

通称「津田中バッグ」と呼ばれていた指定ナイロンバッグ。赤のものは2009年度に廃止された。

香川県さぬき市
寒川町石田西 812-1

さぬき市立
天王中学校

さぬきしりつ
てんのう ちゅうがっこう

2013 年（平成 25 年）3 月
同市内の大川第一中学校に
統合され閉校。
大川第一中学校はその後、
同市内の津田中学校と統合され、
現在さぬき南中学校となっている。

　平線 3 本・関東襟のプルオーバー型セーラー服で、赤の三角タイをタイ留めに通す。

　名札は学年色とみられ、青・白・黄を確認。

　ソックスは白で、集合写真では白のアンクル丈・ハイソックス丈・黒タイツの生徒がそれぞれ確認された。

　本校は小高い山の上に立地しており、学校に至る坂道には「がんばれ あと〇〇m」という看板が設置されていた。著名な卒業生に、衆議院議員・国民民主党代表（2023 年 1 月現在）の玉木雄一郎氏がいる。

香川県

 香川県さぬき市
鴨庄 2550

さぬき市立
志度東中学校

さぬきしりつ
しどひがし ちゅうがっこう

2015年（平成27年）3月 同市内の
志度中学校に統合され閉校。

　白平線２本・関東襟のプルオーバー
型セーラー服。タイ留めに通した緑の
三角タイと、襟に付けた複数のバッジ
が特徴だ。バッジは校章・委員章・学
年組章とみられる。左胸元に付けた名
札は学年色と推測され、資料写真から
は白・黄・青が確認されている。ソッ
クスは白で、長さは生徒によって異なっ
たようだ。夏・中間服は不明。

セーラー服の襟の左右にたくさんのバッジを取り付ける。これ
は他県ではほとんど見られないが、香川県内のほかの中学校で
も同様の傾向があり、香川県特有の制服文化と言えそうだ。

徳島　香川　愛媛　高知

愛媛県今治市
上浦町井口 5610

今治市立
上浦中学校

いまばりしりつ
かみうら ちゅうがっこう

2015年（平成27年）3月
同市内の大三島中学校と統合し
新生の大三島中学校に
なるため閉校。

　非常にユニークな変形襟
のセーラー服。襟にテーラー
ドカラーのようなキザミが
入り、上部にのみ平線が入っ
ていた。前打ち合わせは夏
服はスナップボタン、冬は
ファスナー。カラーリング
は夏冬で大きく異なってお
り、夏服は青のラインに青
のパータイを手結びしたリ
ボン。冬服は白のラインで、
ベロア生地のような赤の
紐リボンだった。

　確認できる限りセーラー
服としては珍しく、夏・冬
服ともに胸ポケットはな
かったようだ。

　名札は学年色とみられ、
青・白・黄が確認された。ソッ
クスは白で、アンクル丈の
生徒が多かったようだ。

※情報提供による。

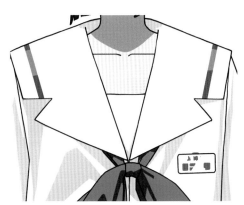

夏冬ともに、キザミの入った襟が特徴。キザミ部分で途切れるラインは共通だが、冬服は夏服よりも太い。リボンの種類も異なっており、夏冬でかなり印象が異なるセーラー服だ。

途中でラインが途切れるデザインは、黒地に白ラインの冬服の方がより際立って見え、遠目でも一瞬で本校の制服だとわかる。

徳島　香川　愛媛　高知

愛媛県八幡浜市
若山 1-330

八幡浜市立
双岩中学校

やわたはましりつ
ふたいわ ちゅうがっこう

2017年（平成29年）3月
同市内の八代中学校に
統合され閉校。

　冬服は蛇腹線3本・関
東襟セーラー服で、紺の
三角タイを手結びする。
インナーとしてブラウ
スを着用。胸ポケット
は両玉縁。夏服は角襟の
オーバーブラウス・ノーネク
タイ。縦型のビニールケース
名札を付けた。

　指定リュックとナップザッ
クがある。指定リュックは中
学校の指定鞄としてよく見ら
れる3WAYバッグと同様の
デザインだが、ショルダーベ
ルトの取り付け部は見当たら
ない。

　体操服は夏・冬ともに胸元
に校章がプリントされたシン
プルなデザイン。

襟ぐりと両袖のゴムが
黒の半袖体操服と、白
2本線の入ったジャー
ジ。どちらも体操服と
して非常にオーソドッ
クスなデザインだ。

たくさんの鋲（各パーツを固定する金属部）が目立つデザインの指定鞄。
中央の三角の部分には校章が入ったとみられるが、資料写真では経年劣化
により消えていた。側面には記名タグがある。

徳島　香川　愛媛　高知

愛媛県八幡浜市
日土町 2-96

八幡浜市立青石中学校

やわたはましりつ せいせき ちゅうがっこう

2017年（平成 29 年）3月 同市内の保内中学校と統合し
新生の保内中学校になるため閉校。

　冬服は白の平線 3 本の札幌襟で、白の三角タイを手結び
する。インナーとして丸襟のブラウスを着用していた。夏・
中間服は丸襟ブラウスに紺の紐タイを結ぶ。胸ポケットは両
玉縁。スカートは 24 本車ヒダと推定される。ソックスは白で、
指定の有無は不明であるが、資料から確認できる限りの女子
生徒がアンクル丈を穿いていた。自転車用ヘルメットは保安
帽型で、女子は赤、男子は青のラインが入っていた。

　名札は青地に白文字。指定の 3WAY バッグとナップザッ
クがある。

九州・沖縄

福岡・佐賀・長崎・熊本・
大分・宮崎・鹿児島・沖縄

福岡県飯塚市
鯰田 2075

飯塚市立飯塚第三中学校

いいづかしりつ いいづかだいさん ちゅうがっこう

2014年（平成 26 年）3月 同市内の飯塚第一中学校に統合され閉校。

　黒線 3 本の関西襟セーラー服で、紺の三角タイを手結びする。胸ポケットの上下に学校名と名字が紺で刺繍されていた。ソックスは黒または紺で、ハイソックス丈の生徒が多かったようだ。

　資料が非常に限られており、閉校時点での夏服以外の詳細は不明である。遡って 2003（平成 15）年の写真資料では、冬服は紺または黒のセーラー服とみられ、白の三角タイであった。

福岡県

福岡県大牟田市
米生町 2-26

大牟田市立
米生中学校

おおむたしりつ　よねお　ちゅうがっこう

2017年（平成29年）3月 同市内の勝立中学校と統合し
宮原中学校になるため閉校。

　冬服は白平線2本・関西襟のプルオーバー型セーラー服。名札は学年色で、卒業生の色が1年生に引き継がれる仕組みであった（2017年時点では3年生が赤・2年生が緑・1年生が青）。ソックスは「長めの黒または白」が指定されていた※。ただし、着用実態としては短めのソックスを穿く生徒も多かったようだ。

　スカートはジャンパースカートで、中間服ではジャンパースカート・ワイシャツ（ノーネクタイ）の組み合わせで着用した。夏服は紺の吊りスカート。

※情報提供による。

福岡県大川市
大字中古賀 205

大川市立
三又中学校

おおかわしりつ
みつまた ちゅうがっこう

2020年（令和2年）3月
同市内の大川東中学校と統合し
大川桐薫中学校になるため閉校。

　金ボタン・エンブレムの付いた典型的紺ブレザーだが、スカートは共布でスーツスタイル。

　ブラウスは丸襟で、赤の重ね型成型リボンを着けた。ブレザーはパネルラインあり・フラップポケット。エンブレムは上部に「JUNIOR HIGH SCHOOL」校章・月桂冠・赤地のスクロール上の「MITSUMATA」で構成された。ソックスは白で、アンクル丈の生徒が多かったようだ。男子の制服も女子と同様のデザインだが、ネクタイは着けなかった。

福岡県大川市
大字下木佐木 1186-1

大川市立
大川東中学校

おおかわしりつ
おおかわひがし ちゅうがっこう

2020年（令和2年）3月
同市内の三又中学校と統合し
大川桐薫中学校になるため閉校。

　白の蛇腹線3本・関西襟
セーラー服で、白の三角タ
イをタイ留めに通した。最
大の特徴は、左袖の袖山の
すぐ下に入った校章の刺繍
である。

　1970年代の写真資料で
も同様の刺繍が確認されて
おり、伝統的なものであっ
たようだ。冬季の腰上の写
真資料しか得られず、夏服
や中間服、ソックス・上履
き等の詳細は不明である。

福岡県田川郡福智町
神崎 918

福智町立金田中学校

ふくちちょうりつ かなだ ちゅうがっこう

2020年（令和2年）3月 同町内の金田小学校と統合し
金田義務教育学校になるため閉校。

　冬服は赤の平線2本の名古屋襟、プル
オーバー型。夏服も平線2本の名古屋襟
だが、白地に白いラインなので一見すると
ラインなしに見える特殊なデザインであ
る。夏・冬ともに胸当てに入った校章の
刺繍が特徴で、冬服では金と白の2色が

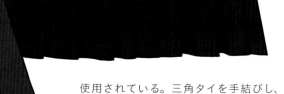

使用されている。三角タイを手結びし、
夏は紺、冬は赤である。

　どの生徒も三角タイを襟から大きく出
した非常にボリューミーなリボンの結び方
で、これが特殊な結び方によるものなの
か、三角タイそのものが大きかったのか
等、詳細は不明である。

　胸ポケットには名字の刺繍が入り、冬
が両玉縁で、夏はベース型。バストダー
ツあり。

　ソックスは白で、ハイソックス丈の生
徒が確認された。

大牟田市立勝立中学校

おおむたしりつ　かったち　ちゅうがっこう

2017年（平成29年）3月 同市内の米生中学校と統合し
宮原中学校になるため閉校。

　夏・冬服ともに蛇腹線2本・関西襟のセーラー服で、
胸当てに校名イニシャル「K」のブラックレター。カラー
リングは、冬が白ライン・白三角タイ、夏が黒ライン・
黒三角タイ。

　冬服は両玉縁の胸ポケットで、バストダーツあり。
スカートは前箱ヒダで、ジャンパースカートの可能性がある。

　ソックスは白で、資料写真からはクルー丈の生徒が確認さ
れた。

長崎県

📍 長崎県対馬市
美津島町小船越 389-7

対馬市立浅海中学校

つしましりつ　あそう　ちゅうがっこう

2020年（令和2年）3月 同市内の豊玉中学校に統合され閉校。

　平線3本・関西襟のセーラー服で、白の三角タイをタイ留
めに通す。写真資料から確認できる限り、ソックスは白のア
ンクル丈または黒タイツ、上履きはつま先とソールが青のバ
レーシューズであった。男子は詰襟に校章とみられるバッジ
を付けていたが、女子の着用は確認できなかった。名札もな
かったようだ。

　本校の立地は万葉集の和歌で詠まれた浅茅山を望む高台
で、校章も浅茅山をモチーフとしている。

福岡　佐賀　長崎　熊本　大分　宮崎　鹿児島　沖縄

長崎県南松浦郡新上五島町
小串郷770

新上五島町立
北魚目中学校

しんかみごとうちょうりつ
きたうおのめ ちゅうがっこう

2018年（平成30年）3月 同町内の魚目中学校に統合され閉校。

　夏服は、ライン入りのトライアングルカラーが非常に
ユニークなオーバーブラウス。ラインが腰ポケットにも
入るという点も極めて独特で、ほかに類を見ないデザイ
ンである。冬服は4釦2掛のダブルイートンで、ワイシャ
ツに赤の紐タイを結ぶ。名札は黒地に黄色文字で、プラ
スチックではなく布製とみられる。

　ソックスは白で、資料写真からはアンクル丈と黒タイ
ツの女子生徒も確認された。

　長袖体操服のデザインも独自性のあるデザインで、両
袖に入った2本の太線が印象的だ。

長崎県東彼杵郡東彼杵町
平似田郷 821-1

東彼杵町立千綿中学校

ひがしそのぎちょうりつ ちわた ちゅうがっこう

2019 年（平成 31 年）3 月 同町内の彼杵中学校と統合し
東彼杵中学校になるため閉校。

　夏服は開襟シャツと 20 本車ヒダの吊りスカートの組み合わせ
で、肩紐のアジャスター部に学年色の名札を取り付けた。

　冬服は 4 釦 2 掛のセミクローバーリーフ・ダブルジャケット、
スーツスタイル。中間服はワイシャツと V ネックベスト。

　名札は緑・青・黄が存在した。ソックスは白で、集合写真では
全員がアンクル丈を穿いていた。上履きはバレーシューズとみら
れ、女子は赤、男子は青であった。

　指定リュックあり。

長崎県長崎市
四杖町 1245

長崎市立式見中学校

ながさきしりつ しきみ ちゅうがっこう

2020 年（令和 2 年）3 月 同市内の小江原中学校に統合され閉校。

　夏・冬服ともに、とても小さな 2 枚羽成型リボンがユニークな蛇腹線 2 本・関西襟のプルオーバー型セーラー服。名札も変わっており、黒地に黄色文字であった。胸当てに小さな刺繍が入っていたが、資料不鮮明のため図柄詳細は不明。ライン色は夏が白、冬は赤。スカートは 20 本車ヒダと推定。指定とみられるナイロンボストンバッグあり。ソックスは白で、長さはクルー丈の生徒が多かったようだ。上履きはバレーシューズで、学年色とみられる。

　長袖体操服は紫地で、左胸元に校章と名字の刺繍、襟にターコイズブルーの差し色が入っている。

長崎県雲仙市
小浜町山畑 369

雲仙市立北串中学校

うんぜんしりつ きたぐし ちゅうがっこう

2014 年（平成 26 年）3 月 同市内の小浜中学校に統合され閉校。

　夏冬ともに、上下それぞれに横ラインが入った縦 2 段のネクタイが特徴の、2 本線のセーラー服。

　夏服は関東襟の紺襟で白線、胸ポケットはベース型。冬服は関西襟の赤線で、胸ポケットは夏と異なり両玉縁である。夏冬ともに、胸ポケットの上に校章の銀刺繍が入っていた。スカートは 24 本の車ヒダと推定される。

　ソックスは白で、資料写真では全員がアンクル丈を着用。上履きはバレーシューズで、女子は赤、男子は青だったようだ。

熊本県

熊本県阿蘇市
三久保 524

阿蘇市立阿蘇北中学校

あそしりつ あそきた ちゅうがっこう

2012 年（平成 24 年）3 月 同市内の阿蘇中学校に統合され閉校。

　夏服は爽やかな青の上下が印象的な関西襟セーラー服で、結び目位置が下寄りな独特の成型リボンを着けた。ラインは太さのある平線 1 本。冬服は 4 釦 2 掛のダブルイートンで、丸襟ブラウスに赤のネクタイ。夏がセーラー服で冬がイートンという方式は、ほかの地域ではほとんど見られない珍しい組み合わせだ。

　ソックスは白で、ハイソックス丈の生徒が多かったようだ。

　紺地の長袖体操服は、背中に入った大文字・楷書体の「阿蘇北」が特徴。半袖体操服の胸元にも、同文字列が縦書きされている。

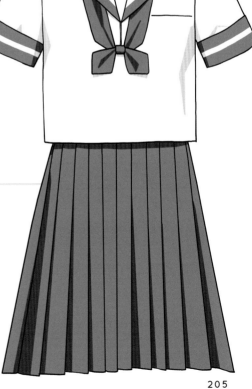

熊本県

熊本県天草郡苓北町
都呂々 1264

苓北町立都呂々中学校

れいほくちょうりつ とろろ ちゅうがっこう

2015 年（平成 27 年）3 月 同町内の坂瀬川中学校と共に
苓北中学校に統合され閉校。

　白のパイピングが印象的な、関西襟セーラー服。白
の三角タイをタイ留めに通し着用した。

　ソックスは白で、資料から確認できる限り、アンク
ル丈の生徒が多かったようだ。上履きはサンダル型で、
女子は赤、男子は青であった。冬季の写真では、黒
のカーディガンを着用する生徒が多数いた（襟とタイ
留め、三角タイはカーディガンの上に出す形）。名札
はカーディガンの胸元に付けており、校則で規定され
た着用方法であった可能性が高い。

熊本県

熊本県天草郡苓北町
坂瀬川 2600

苓北町立坂瀬川中学校

れいほくちょうりつ さかせがわ ちゅうがっこう

2015 年（平成 27 年）3 月 同町内の都呂々中学校と共に
苓北中学校に統合され閉校。

　4 釦 2 掛のダブルイートンで、ワイシャツに赤の紐タイを結ぶ。
ソックスは白で、アンクル丈を着用していたようだ。上履きは白地
の運動靴で、メーカーは不明だが全員が同じ種類のものを履いてい
た。資料が限られており、夏・中間服そのほかの情報は不明である。

　本校は橘湾（千々石灘）の海岸にほど近く、北東には「天草四郎
乗船之地」という記念碑がある。これは 1637 年の島原の乱におい
て一揆を率いた天草四郎が本校の西にあった富岡城の攻略に失敗し
た後、北東の島原半島に渡るため船に乗った地であることを記念す
るものである。島原半島に移った一揆軍は、現在の南島原市にある
原城に籠城、その後全滅した。

熊本県上天草市
松島町阿村841-2

上天草市立
阿村中学校

かみあまくさしりつ
あむら　ちゅうがっこう

2018年（平成30年）3月 同市内の
松島中学校に統合され閉校。

　冬服は極太の白平線2本の東北襟
セーラー服で、紺の三角タイをタイ
留めに通した。

　夏服は襟・カフス・スカートが水色
の東北襟セーラー服で、2枚羽の成型
リボンを着けていた。ラインは冬服と
異なり細く、白の蛇腹線2本である。
名札は赤・緑のものが確認され、学年
色とみられる。

　ソックスは白で、大部分の生徒がク
ルー丈を穿いていたようだ。

熊本県天草市
御所浦町横浦537

天草市立御所浦北中学校

あまくさしりつ　ごしょうらきた　ちゅうがっこう

2012年（平成24年）3月 同市内の御所浦中学校に統合され閉校。

　平線3本の東北襟セーラー服で、紺の三角タイをタイ留め
に通す。胸当てに入った校章刺繍が特徴だ。

　3本のラインは非常に間隔が詰まっているので、遠目には
極太の1本線にも見える。

　資料写真では、白のクルー丈ソックスと黒タイツを穿い
た女子生徒が確認された。上履きは、つま先が女子が赤、
男子が青のバレーシューズ。

　本校は天草諸島に属する島の1つである横浦島に位
置しており、この島の唯一の中学校であった（唯一の
小学校も2014年に閉校）。本校の閉校により、横浦
島に住む児童・生徒は「スクール船」に乗って、隣接
する御所浦島の小中学校に通っている。

大分県

大分県玖珠郡玖珠町
山田 328-1

玖珠町立玖珠中学校

くすちょうりつ くす ちゅうがっこう

2019年（平成31年）3月 同町内の7校が統合し
くす星翔中学校になるため閉校。

　夏服は襟の下部の延長がタイとなったユニークな前開き型
セーラー服で、ラインは入らない。襟とスカートは深川鼠色（若
干の緑味のある灰）。胸当てには校章の刺繍が入っていた。

　冬服は鮮やかな赤の3本線・関東襟の紺セーラー服で、赤
の三角タイを手結びした。

　夏冬ともに、胸ポケットに氏名の刺繍（夏は青、冬は赤）。ソッ
クスは白、長さはクルー丈の生徒が多かったようだ。

大分県玖珠郡玖珠町
太田 1462

玖珠町立八幡中学校

（くすちょうりつ やはた ちゅうがっこう）

2019年（平成31年）3月 同町内の7校が統合し、くす星翔中学校になるため閉校。

夏服はくすんだピーコックブルーのパイピングとスクエアタイ、スカートとの組み合わせが特徴の関東襟・前開き型セーラー服。後ろ襟では、パイピングは垂直に抜けるデザインとなっている。

冬服は白平線1本関東襟で、黒の三角タイを手結びする。後ろ襟ではラインが十字に交差。

ソックスは白で、集合写真ではほとんどの女子生徒がクルー丈かアンクル丈を着用。ほかに黒タイツを穿く生徒もいた。上履きはサンダル型で、緑と青が確認されたため学年色の可能性がある。

大分県

 大分県玖珠郡玖珠町
帆足 2243-1

玖珠町立
森中学校

くすちょうりつ
もり ちゅうがっこう

2019年（平成31年）3月
同町内の7校が統合し
くす星翔中学校になるため閉校。

　関西襟型の白襟カバーが特徴の、前開き（ファスナー）型セーラー服。黒の三角タイを手結びした。襟カバーの下の、セーラー服本体の襟はひと回り小さかった。カフスや胸当てにはラインが入っていないが、カバー下の襟も同様であったかどうかは不明だ。

　胸ポケットには橙で氏名の刺繍が入る。スカートは20～22本の車ヒダ。

　ソックスは白、長さはクルー丈の生徒が多かったようだ。上履きは紺のサンダル型。

大分県国東市
武蔵町成吉 810

国東市立武蔵中学校

くにさきしりつ むさし ちゅうがっこう

2020年（令和2年）3月 同市内の2つの小学校と統合し
志成学園になるため閉校。

　夏服はわずかに青みのあるグレーの襟とスカート
が印象的な、関東襟・前開き型セーラー服。襟と同
色のダービータイを、刺繍入りのタイ留めに通した。

　冬服は白の平線2本・関西襟のセーラー服で、白
の三角タイを手結びする。胸ポケットには、黄色で
名字が刺繍されていた。

　上履きは青のサンダル型。ユニークな校則があったようで、
体育館での集会の際には全ての生徒が、イラストのように左
右のサンダルの靴底を合わせるようにして自分の横に置いて
いた。また、登校時には蛍光反射タスキの着用が規定されて
いたようだ。

　資料から確認できる限りソックスは白でアンクル丈または
クルー丈の生徒が多く、冬季は大部分の生徒が黒タイツを穿
いていた。

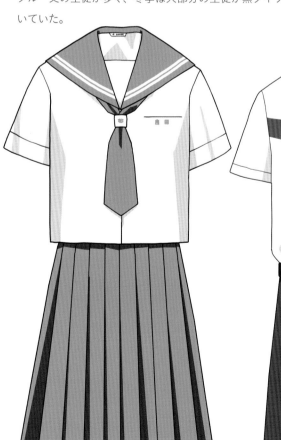

左右の靴底を合わせて
置いてあるサンダル型
上履き。体育館での集
会の写真では、生徒全
員が自分の傍らにこの
方法で置いていた。

大分県速見郡日出町
南畑 1210-8

日出町立南端中学校

ひじちょうりつ みなみはた ちゅうがっこう

2016年（平成 28 年）に休校、2020年（令和 2 年）11 月 に廃校。

　夏冬ともにほかではあまり見られないユニークなデザインのセーラー服だ。夏服は襟にグレーのパイピングが施され、小さなキザミの入った変形襟の前開き型セーラー服。これだけでも特殊だが、パイピングの先端部分の延長がそのままタイになっているという構造である。タイ留めには紺の刺繍。刺繍は筆記体の文字列のようにも見えるが、何を表すものかは不明。

　冬服は、夏服よりもやや濃いグレーのパイピングが入るセーラー服だが、キザミはない。

　タイはスクエアタイで、こちらは夏服と異なり外付けだ。胸当てには夏服のタイ留めと同じ刺繍が赤で入っている。
スカートは夏がボックスプリーツ、冬は 18 本車ヒダと推定される。
ソックスは白で、クルー丈またはアンクル丈の生徒が確認された。

日南市立酒谷中学校

にちなんしりつ さかたに ちゅうがっこう

2016年（平成28年）3月 同市内の飫肥中学校に統合され閉校。

夏服は「白身頃・白襟で胸当てのみが紺」というシンプルな特徴だが非常に珍しいセーラー服だ。「紺の襟で胸当てが白」というパターンは多いが、その逆は中学校の夏セーラー服ではほとんど存在しないと言っていいだろう。

形状としては名古屋襟で、紺の平線1本、前開き型。タイ留めには校名イニシャル「S」のブラックレター。

冬服は、特殊なデザインの夏服と比較するとオーソドックスなセーラー服であり、関東襟・白線2本、紺の三角タイを刺繍入りのタイ留めに通して着用する。夏冬ともに左胸元に橙で「酒谷中」の刺繍が入り、生徒によっては名字も刺繍されていた。

なぜ名字の刺繍がある生徒・ない生徒がいたのかは不明であるが、閉校前の特殊な事情があった可能性はある。

ソックスは白で、資料から確認できる限りの女子生徒がアンクル丈を穿いていた。

宮崎県串間市
西方8607

串間市立福島中学校

くしましりつ ふくしま ちゅうがっこう

2017年（平成29年）3月　同市内の6校が統合し串間中学校になるため閉校。

　冬服は白線3本・関東襟のプルオーバー型セーラー服で、黒の三角タイをタイ留めに通す。

　夏服は紺地の関東襟で黒の三角タイ。冬服と異なり前開き型だ。夏冬ともに、左胸元に学校名と名字の刺繍が入る。ソックスは白、クルー丈の生徒が多かった。上履きは紺のサンダル型とみられる。通学靴は白の運動靴が指定されていたようだ。

　学校名から、修学旅行先で遠く離れた福島県の中学校と勘違いされることが多かったという。「福島」は、昭和20年代の串間市との合併前まで存在した「福島町」に由来する。

ICHIKI
市間

宮崎県串間市
市木 1835

串間市立市木中学校
くしましりつ いちき ちゅうがっこう

2017年（平成29年）3月 同市内の6校が統合し
串間中学校になるため閉校。

　冬服は白線2本・関西襟のセーラー服で、紺の三角タイを金の刺繍が入ったタイ留めに通した。

　夏服も冬服のデザインを踏襲しており、紺地の胸ポケットのあて布とカフスにもラインが入る。

　本校の制服でユニークなのは、冬服と夏服がセーラー服であるにもかかわらず、中間服のみがワイシャツ・赤紐タイというスタイルである点だ。夏・中間がブラウスというパターンはよくあるが、中間のみがブラウスという例は珍しいと言えるだろう。

　ソックスは白で、長さは生徒によって異なったようだ。上履きは青のサンダル型。

　長袖体操服は紺に赤白のデザインが入ったスタイリッシュなデザイン。

撮影　佐賀　長崎　熊本　大分　宮崎、鹿児島　沖縄

宮崎県

宮崎県串間市
本城 5951-2

串間市立本城中学校

くしましりつ ほんじょう ちゅうがっこう

2017年（平成29年）3月 同市内の6校が統合し串間中学校になるため閉校。

　夏冬ともに、鮮やかな青のラインと三角タイが目を引く関東襟・前開き型セーラー服。

　夏服は白身頃に紺地の襟である。スカートは18本車ヒダと推定される。

　ソックスは白でクルー丈、または黒タイツを穿く生徒が確認された。上履きは青のサンダル型。少なくとも体育館での集会の際には、上履きを履かずにソックスのみの場合が多かったようだ。指定の3WAYバッグがあり、紺地に黒のベルト、白の校章が特徴。

宮崎県串間市
大平 5714

串間市立大束中学校

くしましりつ　おおつか　ちゅうがっこう

2017年（平成29年）3月 同市内の6校が統合し串間中学校になるため閉校。

　水浅葱（淡い青緑）が印象的な白線2本・東北襟の前開き型セーラー服。タイはスクエア型とみられる。後ろ襟では、ラインが井桁型に交差している。

　冬服は関西襟・赤線2本のセーラー服で、赤の三角タイをタイ留めに通す。タイ留めには赤の刺繍が入っていた。

夏服同様、後ろ襟のラインは井桁型。夏冬ともに、胸ポケットには校名と名字が赤で刺繍されている。

上履きはサンダル型で、女子は赤、男子は青。通学靴は資料写真の全員が白1色の運動靴を着用しており、校則での指定があったとみられる。

福岡　佐賀　長崎　熊本　大分　宮崎　鹿児島　沖縄

宮崎県串間市
都井

串間市立都井中学校

くしましりつ とい ちゅうがっこう

2017年（平成29年）3月 同市内の
6校が統合し串間中学校になるため閉校。

　冬服は4釦シングルで、首元までボタンを留める折襟
ジャケット。一般的な折襟ジャケットと異なり、ボタンを
留めた時に襟同士の間隔が開く作りになっているのが特徴
だ。

　インナーのブラウスの襟元はジャケットに隠れてほとん

ど見えなかったが、赤の紐タイを結んでいた。外見上
は紐タイがなくともわからなそうではあるが、女子生
徒たちは真面目に結んでおり、時には先輩に結んでも
らうこともあったという※。

　中間服はVネックのベストを着用し、紐タイを結ぶ。夏
服は開襟オーバーブラウス。冬・夏服ともに、左胸元に学
校名と名字の刺繍が入っていた。

　ソックスは白で、アンクル丈の生徒が多かったようだ。
スカート丈に関する校則での規定の有無は不明であるが、
腰の部分を折って短くしても、逆に背の低い生徒がそのま
ま着用して長く見えてしまった場合も怒られたという。た
だし、怒られても指導に従う生徒は少なかったようだ※。

※情報提供による。

宮崎県

宮崎県延岡市
熊野江町 2511-1

延岡市立
熊野江中学校

のべおかしりつ
くまのえ ちゅうがっこう

2014年（平成26年）3月
同市内の浦城中学校と統合し
南浦中学校になるため閉校。

　珍しいダブルブレストの
2釦1掛セーラー服。ライ
ンは2本で、胸当てに刺繍
が入る。

　冬季の写真資料ではソッ
クスは白で、黒タイツの生
徒もいた。上履きは不明で
あるが、通学靴は資料で見
られる生徒全員が白1色の
運動靴を着用しており、校
則での指定があったとみら
れる。

　資料が限られており夏・
中間服やそのほかの情報は
不明。

福岡　佐賀　長崎　熊本　大分　宮崎　鹿児島　沖縄

宮崎県

宮崎県西臼杵郡
高千穂町
岩戸 4518-2

高千穂町立
岩戸中学校

たかちほちょうりつ
いわと ちゅうがっこう

2015年（平成27年）3月
同町内の高千穂中学校に統合され閉校。

　夏・中間服は丸形のステンカラーブラウスに紐タイを結び、吊りスカート。冬は3釦シングルのイートンである。資料写真から赤と紺の2色の紐タイが確認されたため、学年色である可能性がある。外履きのかかと部分に記名するという校則があったようだ。

　ソックスは白で、アンクル丈またはクルー丈の生徒を確認。上履きはサンダル型で、女子が赤、男子が青であった。

　クラシックな印象の制服と比較すると、体操服は近年採用されたとみられるスタイリッシュなデザインだ。長袖体操服は珍しい白地に水色のラインで、着丈が長いこともありジャージというよりはウィンドブレーカーのように見える。半袖体操服も長袖と同様のデザインで、双方とも左胸元に「IWATO」のロゴが入っていた。

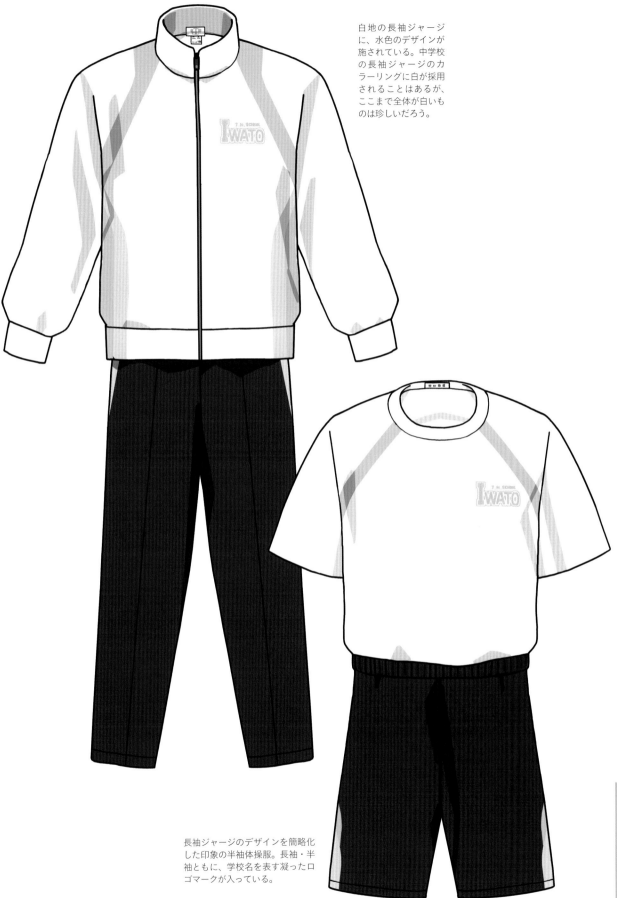

白地の長袖ジャージ
に、水色のデザインが
施されている。中学校
の長袖ジャージのカ
ラーリングに白が採用
されることはあるが、
ここまで全体が白いも
のは珍しいだろう。

長袖ジャージのデザインを簡略化
した印象の半袖体操服。長袖・半
袖ともに、学校名を表す凝ったロ
ゴマークが入っている。

宮崎県東臼杵郡門川町
川内 4404

門川町立西門川中学校

かどがわちょうりつ にしかどがわ ちゅうがっこう

2020 年（令和 2 年）3 月 同町内の門川中学校に統合され閉校。

　冬服は緑線 2 本の関西襟セーラー服で、緑の三角タイをタイ留めに通した。後ろ襟では、ラインが井桁型に交差している。中間服は丸形ステンカラーブラウスに緑の紐タイを結び、スクエアネック・楕円形バックルのジャンパースカートを着用した。夏服は同ブラウス・紐タイ、夏スカート。

　ブラウス・セーラー服・ジャンパースカートともに、左胸元に学校名と名字の刺繍が入る。

　ソックスは白、クルー丈の生徒が多かったようで、冬季には黒タイツの生徒もいた。

　上履きはサンダル型で、女子は赤、男子は青だった可能性がある。

宮崎県西臼杵郡五ヶ瀬町
大字三ヶ所 11530

五ヶ瀬町立三ヶ所中学校

ごかせちょうりつ さんがしょ ちゅうがっこう

2016年（平成28年）3月 同町内の鞍岡中学校と統合し
五ヶ瀬中学校になるため閉校。

　冬服は赤線3本・関東襟のプルオーバー型セーラー服で、赤の三角タイを手結びする。着丈が長い。中間服はワイシャツに黒の紐タイを結び、夏服は半袖の開襟シャツを着用。

　ソックスは白で、資料写真から確認できる限り、クルー丈またはアンクル丈の生徒が多かったようだ。上履きはサンダル型で、緑と青のものが確認されたため学年色の可能性がある。通学靴は白の運動靴指定とみられる。

福岡　佐賀　長崎　熊本　大分　宮崎　鹿児島　沖縄

鹿児島県南九州市
頴娃町別府 8644

南九州市立別府中学校

みなみきゅうしゅうしりつ べっぷ ちゅうがっこう

2019年（平成31年）3月 同市内の3校が統合し新生の頴娃中学校になるため閉校。

　夏服は関西襟で、襟と同色のダービータイを着ける。グレーの襟に臙脂のラインというほかの地域ではあまり見られない組み合わせだ。左袖に入った校章の刺繍も特徴。

　名札の色がユニークで、資料写真からは少なくとも黄色地に黒文字という組み合わせに加え、珍しい濃紺地に白文字のものも確認された。地色は学年色とみられる。

　ソックスは白で、アンクル丈の生徒が多かったようだが、長さの指定の有無は不明。

伊佐市立山野中学校

いさしりつ やまの ちゅうがっこう

2015年（平成27年）3月 同市内の3校が統合し
大口中央中学校になるため閉校。

　紺の三角タイと赤茶のラインという非常に珍しい組み合わせの東北襟セーラー服。

　名札は学年色とみられ、原色に近い濃い青と緑が確認された。名札のサイズも独特であり、一般に見られるような中学校の名札を横方向に半分にした大きさだった。

　左襟には校章バッジ。胸ポケットには生徒手帳とみられるものを入れていたが、胸ポケットが浅いため、4分の1ほどはみ出していた。資料が限られており夏・中間服や、ソックス・上履き等の情報は不明である。

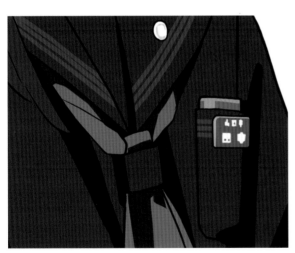

三角タイをタイ留めに通す際に、結び下げている様子が確認された。
※資料からは少数の生徒しか確認できていないため、生徒独自の結び方であった可能性もある。

福岡　佐賀　長崎　熊本　大分　宮崎　鹿児島　沖縄

鹿児島県薩摩川内市
湯田町 4321

薩摩川内市立高城西中学校

さつませんだいしりつ たきにし ちゅうがっこう

2012 年（平成 24 年）3 月 同市内の水引中学校に統合され閉校。

　濃い赤のラインと三角タイが印象的な、関東襟セーラー服。ラインは 3 本で、タイ留めあり。ソックスは白で、長さは生徒によって異なった。左胸元のリボン徽章は入学式で実際に使用されたものである。

　資料が非常に少なく、夏・中間服やそのほかの詳細は不明だ。本校は公式 HP がユニークで、マスコットキャラクターの「タッキー」というテディベアが校舎内を写真で紹介するというコーナーがあった。

鹿児島県南さつま市
大浦町 24524

南さつま市立
大浦中学校

みなみさつまりつ　おおうら　ちゅうがっこう

2013 年（平成 25 年）3 月 同市内の笠沙中学校と統合し
大笠中学校になるため閉校。

　赤線の関東襟・前開き型セーラー服で、赤の三角タイをタイ留めに通す。胸ポケットはベース型で、ライン入り。スカートは 20 本車ヒダと推定される。

　ソックスは白で、クルー丈またはアンクル丈を穿いていたようだ。通学靴は全員が白の運動靴を履いており、校則での指定があったものとみられる。

　資料が少なく、夏・中間服は不明である。

鹿児島県

鹿児島県大島郡喜界町
上嘉鉄 3520

喜界町立第二中学校
きかいちょうりつ だいに ちゅうがっこう

2012年（平成24年）3月 同町内の
3校が統合し喜界中学校になるため閉校。

　夏服は白線2本・関東襟の前開き型セーラー服で、襟と同色のダービータイを着けた。

　カラーリングは九州でよく見られる淡い青。胸ポケットには襟と同色の別布が付き、ラインがV字を描く。スカートはセーラー服と異なり紺。

　冬服はやや薄い紺のセーラー服に白三角タイをタイ留めに通した。

　ソックスは白で、長さは生徒によって異なったようだ。上履きはバレーシューズで、女子は赤、男子は青。

沖縄県宮古島市
伊良部国仲418

宮古島市立伊良部中学校
みやこじましりつ いらぶ ちゅうがっこう

2019年（平成31年）3月 同市内の2つの小学校、2つの中学校が
統合し、伊良部島小学校・中学校（愛称・結の橋学園）になるため閉校。

　夏服は角型のステンカラーブラウスで、赤紐タイを結ぶ。非常
にユニークなのは、右襟と胸ポケットに入った赤ラインだ。こう
したラインがセーラー襟ではなくブラウスに入る例は極めて稀で
ある。胸ポケットのラインはV字を描いており、その上には学校
名と氏名の刺繍が入る。

　冬服は白の平線2本・関西襟のプルオーバー型セーラー服で、
白の三角タイを手結びする。胸ポケットにもラインが入り、その
上に夏服同様に校名と氏名の刺繍が入った。

　規定かどうかは不明であるが、資料写真から確認できる限り、
スカートとセーラー服の生地の色が若干異なっていた。

　ソックスは黒指定とみられ、長さはクルー丈の生徒が多かった
ようだ。

沖縄県宮古島市
伊良部池間添 1720

宮古島市立
佐良浜中学校

みやこじましりつ さらはま ちゅうがっこう

2019年（平成31年）3月 同市内の2つの小学校、
2つの中学校が統合し、伊良部島小学校・中学校
（愛称・結の橋学園）になるため閉校。

　白の平線2本・関西襟のセーラー服で、白の三角タ
イを手結びする。胸ポケットにも2本ラインが入り、V
字を描いていた。胸ポケットの上には学校名と氏名が橙
で刺繍されている。

　ソックスは白で、クルー丈の生徒が多かったようだ。
夏服は資料が乏しく詳細不明な点が多いが、青襟の関西
襟で白のラインが入り、青のネクタイで、胸ポケットに
は青の別布が付きラインが入っていた。

沖縄県国頭郡東村
字川田 803

東村立東中学校〈旧〉

ひがしそんりつ ひがし ちゅうがっこう

公立小中併置校で幼稚園も併設されていた。
2017年（平成29年）3月 同村内の3校が統合し、
新しい東中学校になるため閉校。

　白線2本・関西襟の前開き型セーラー服で、ユニー
クな白いスクエアタイ。胸ポケットにもラインが入っ
ており、V字を描くラインの隙間を埋めるように、校
名と氏名の刺繍が入っていた。

　資料写真から確認できる限りソックスは白で、ク
ルー丈・ハイソックス丈の生徒が確認された。情報が
乏しく、夏・中間服そのほか詳細は不明である。

福岡　佐賀　長崎　熊本　大分　宮崎　鹿児島　沖縄

沖縄県国頭郡恩納村
安富祖 1868-1

恩納村立安富祖中学校

おんなそんりつ あふそ ちゅうがっこう

2020年（令和2年）3月 同村内の5校が統合し
うんな中学校になるため閉校。

　夏服は淡い群青の襟とスカートが特徴の、関西襟・前開き
型セーラー服。襟にラインが入らず、スクエアタイにだけラ
インが入るという特殊なデザインだ。

　冬服もユニークで、夏服と同様の斜めのライン入りスクエ
アタイ、胸ポケットに入ったV字型に交差するラインが特徴
だ。

　夏・冬ともに、胸元には橙で学校名と名字の刺繍が入り、
前開きをくるみボタンで留める方式を採っている。これを含
め、恩納村のほかの中学校でも共通する特徴が多い。

沖縄県

📍 沖縄県恩納村
字仲泊433-1

恩納村立仲泊中学校

おんなそんりつ なかどまり ちゅうがっこう

2020年（令和2年）3月 同村内の5校が統合し
うんな中学校になるため閉校。

　冬服は平線1本の関西襟・前開き型セー
ラー服で、無地のスクエアタイを着ける。
最大の特徴は胸ポケットにあり、襟と同じ白
ラインが入るが、これが交差することでリボ
ンのようなデザインになっている。また、後

ろ襟ではラインが十字に交差する。

　胸ポケットのラインの上には学校名と氏
名の刺繍が入り、青と黄が確認されたため
学年色とみられる。

　夏服は紺襟で、襟型とライン（後ろ襟の
十字含む）・タイ・胸元の刺繍は冬服と同様。
ほかの恩納村の中学校同様に、夏冬ともに
前開きをくるみボタンで留める。

　ソックスはクルー丈またはアンクル丈の
生徒がほとんどで、デザイン・色は生徒に
よってバラバラであった。上履きはアサヒ
シューズのグリッパー。

福岡　佐賀　長崎　熊本　大分　宮崎　鹿児島　沖縄

231

沖縄県恩納村
字喜瀬武原 458-16

恩納村立
喜瀬武原中学校

おんなそんりつ きせんばる ちゅうがっこう

2020年（令和2年）3月 同村内の5校が統合し
うんな中学校になるため閉校。

　夏服は紺襟に赤線2本、関西襟。襟と同色のスクエ
アタイには安富祖中学校と同様に斜めのラインが入る。
後ろ襟ではラインが井桁型に交差。

　冬服は安富祖中学校と同じデザインである。夏冬と
もに、前開きはくるみボタンで留める。
　ソックスはアンクル丈の生徒がほとんどで、色は黒・
白が確認された。指定の有無は不明。
　上履きはアサヒシューズのグリッパー。

恩納村の中学校のセーラー
服に見られる共通点である
くるみボタンが付いた冬
セーラー服。夏服のセー
ラーブラウスであればこう
いったデザインは比較的よ
く見られるが、冬服では極
めて珍しい。

後ろ襟ではラインが井桁型に交
差。これも恩納村の複数の中学校
制服で共通する特徴である。

📍 沖縄県恩納村
字山田997

恩納村立
山田中学校

おんなそんりつ やまだ ちゅうがっこう

**2020年（令和2年）3月 同村内の5校が統合し
うんな中学校になるため閉校。**

　夏服は細めのスクエアタイが特徴の平
線2本・紺の関西襟・前開き型セーラー服。

　冬服は平線2本・関西襟の前開き型で、
白の三角タイを手結びする。前開きは夏

冬ともに、ほかの恩納村の中学校と同様
にくるみボタンで留める。

　左胸元には校名と氏名の刺繍が入って
おり、色は青と黄が確認されたため学年
色とみられる。

　ソックスのデザインは生徒によってバ
ラバラで、大きなプリントや柄が入った
ソックスを穿く生徒もおり、デザインや色
の指定はなかったとみられる。これは本
土の公立中学校ではあまり見られない特
徴だ。

索 引

索 引

索引

クマノイ

新潟県出身。2014年より商業漫画家、イラストレーターとして活動。著書に『女子中・高生のイラストブック』（日貿出版社）、『女子中・高生の制服攻略本』（KADOKAWA）などがある。

Twitter:@kumanoikuma

図解 閉校中学校の女子制服
201 schools with 390 illustrations

●定価はカバーに表示してあります

2023年 2月9日　初版発行

著　者　　クマノイ
発行者　　川内長成
発行所　　株式会社日貿出版社
東京都文京区本郷 5-2-2　〒113-0033
電　話　　(03)5805-3303（代表）
ＦＡＸ　　(03)5805-3307
郵便振替　00180-3-18495

印刷　株式会社 シナノ パブリッシング プレス
ⓒ 2023　by Kumanoi/Printed in Japan.
落丁・乱丁本はお取替えいたします

ISBN978-4-8170-2184-7　　http://www.nichibou.co.jp/